DANIEL GERARDO

Trazado y Construcción de las Pirámides de Giza

Daniel Gerardo

2018

Para construir la Gran Pirámide, primero hay que trazarla completamente.

Daniel Gerardo

CONTENIDO

INTRODUCCIÓN:

Monumentos de la fuerza y el ingenio humano, las pirámides han motivado en todo tiempo admiración y curiosidad. Erigida en la meseta de Giza, la pirámide del faraón Keops (Keops según la designación griega) o Gran Pirámide como se la denomina, representa la obra maestra de los constructores. Junto con las pirámides de los faraones Kefren y Micerinos, la Esfinge, mastabas y pirámides satélites, conforman el complejo funerario de Giza.

A esta obra considerada la primera maravilla del mundo antiguo se llega como resultado de la evolución constructiva experimentada en las tumbas faraónicas del Antiguo Imperio Egipcio.

Quienes construyeron las pirámides las aprendieron a construir en Egipto sobre la base de su propia experiencia. Mientras la civilización egipcia construía las pirámides, las pirámides construían la civilización egipcia. El descubrimiento del pueblo de los constructores en Giza realizado por Zahi Hawass y Mark Lehner así como el papiro de Mener, capataz de las obras de la Gran Pirámide que describe el transporte de los bloques del revestimiento, nos permite ubicar la obra en el contexto histórico. *

En esa evolución constructiva se destacan dos requerimientos constructivos que eran de relevancia para los faraones:

a) El requisito de la forma: La perfección en el trazado de la forma de las pirámides de caras lisas comienza en las pirámides edificadas por el faraón Snefru hasta alcanzar niveles de excelencia en las pirámides de Giza.

b) El requisito de la altura: La altura en las pirámides construidas se fue incrementando en forma gradual. En las grandes pirámides de Giza se produce un gran incremento en la altura del orden del 50% lo cual marca una proeza de la ingeniería antigua.

Los antiguos agrimensores egipcios resolvieron el trazado de la Gran Pirámide con una precisión y exactitud tal que solo pudieron ser reproducidas utilizando instrumentos de agrimensura modernos. Hasta el presente no se ha presentan ninguna propuesta que permita comprender y reproducir la asombrosa precisión alcanzada en el trazado de las grandes pirámides de Giza.

Es el objetivo de este libro dar a conocer mis conclusiones luego de una década de investigación de la temática.

Existen gran variedad de teorías sobre la realización de estas pirámides pero atienden exclusivamente al requisito de la altura. Dichas teorías analizan básicamente el transporte y elevación a gran altura de los bloques durante la construcción de las pirámides.

La agrimensura de la pirámide es simplemente mencionada como un tema accesorio, sin solución por falta de documentación histórica y que no tiene mayor incidencia en la construcción realizada.

Sin embargo el requisito constructivo de la forma no es un mero detalle técnico. Al igual que toda obra civil la construcción de las grandes pirámides de Giza requirió resolver su agrimensura primero.

"Para construir la Gran Pirámide primero hay que trazarla"

El pensar que es posible construir la pirámide sin trazarla es una confusión de nuestro tiempo que los antiguos egipcios no comprenderían y el faraón no autorizaría.

Como analizaremos luego el trazado de la forma piramidal condiciona las etapas de construcción de la pirámide. Esta es la razón por la cual para construir la pirámide primero hay que trazarla con la precisión requerida y no podemos saltearnos este requisito constructivo. Este punto es clave para comprender la construcción. El pretender construir la pirámide sin trazarla nos ha conducido a un laberinto de teorías que básicamente atienden al requisito de construir la pirámide más alta. La única manera de salir de esta confusión, del laberinto de teorías, del escepticismo y poder comprender la construcción de las pirámides, es justamente comenzar por el principio, trazando la pirámide.

Pero ¿cómo trazar la Gran Pirámide con esa asombrosa precisión sin medir con instrumentos precisos? ¿Cómo trazar la base de la pirámide de 230 metros de lado con un error promedio de 15 mm y 32 segundos de ángulo? Como alcanzar esa apreciación en la medición sin utilizar instrumentos ópticos?

Además, la lógica y los fundamentos mismos de la

metrología (técnica de la medición) indican que a mayores distancias a medir mayores son los errores. Sin embargo en las pirámides egipcias ocurre lo contrario. Las pirámides más grandes son las más precisas.

Otro hecho asombroso es que no existe ninguna edificación de grandes proporciones en Egipto que tenga la precisión de las grandes pirámides. Es notorio que si hubieran desarrollado instrumentos que les permitieran medir con tanta precisión y exactitud, los habrían utilizado también en otras edificaciones.

Estos hechos asombrosos y aparentemente ilógicos nos están indicando que las pirámides no las trazaron midiendo y nos dan ciertas pautas de cómo lo hicieron. Por ejemplo sabemos que con el método que utilizaron, a mayor tamaño de la pirámide, mayor era la precisión alcanzada. Además se trata de una técnica que solo era aplicable al trazado de las pirámides ya que no fue utilizada en otras edificaciones.

Sabemos también que la precisión en el trazado comienza con las pirámides de caras lisas y podemos distinguir dos tipos de agrimensura:

a) La agrimensura imprecisa utilizada en las pirámides escalonadas, acorde a los elementos de medición existentes en la época.
b) La agrimensura precisa desarrollada con el trazado de las pirámides de caras lisas.

El trazado preciso comienza a desarrollarse con las pirámides de caras lisas y la pauta más clara sobre la técnica utilizada para realizar este trazado lo constituye la desviación con que trazaron las grandes pirámides respecto a los puntos cardinales.

Esta desviación de las bases de las pirámides que tradicionalmente ha sido considerada un error de orientación, no lo es, es simplemente el resultado que se obtiene al aplicar la técnica utilizada que describiremos en este libro.

La aplicación de la técnica utilizada nos permitirá trazar las grandes pirámides de Giza con la precisión requerida y reproducir las características del trazado original. Estaremos entonces en condiciones de responder a otras antiguas interrogantes:

¿Cuál era la altura original de la Gran Pirámide?

¿Cuál fue la relación original entre la altura y la base de la pirámide?

Finalmente identificadas las etapas constructivas de la edificación, las cuales son consecuencias del trazado realizado, recién entonces estaremos en condiciones de analizar las técnicas utilizadas para elevar los bloques en cada una de ellas.

El comprender como se trazaban las pirámides nos permitirá visualizar sin mayores dificultades como se construyeron, con la simplicidad y eficacia que caracterizaba a los antiguos egipcios.

El Autor

DANIEL GERARDO

CAPÍTULO I

Evolución de las Pirámides

En el transcurso de la historia humana, diversas civilizaciones han construido pirámides, por motivos religiosos y funerarios.

Estas civilizaciones tenían en común el propósito de realizar edificaciones altas. Construyendo con bloques de piedra arribaron a soluciones arquitectónicas similares.

Si se parte de una base cuadrada y el objetivo es construir alto utilizando bloques de piedra, la única estructura estable posible es la pirámide. Fue necesario que el hombre desarrollara materiales como el acero y el cemento para edificar a gran altura con formas diferentes.

La Gran Pirámide es la pirámide más alta y mejor construida, en la que los requisitos constructivos se cumplieron con niveles de excelencia. A esta obra maestra se llega como resultado de una evolución constructiva que comienza con las mastabas y alcanza su máxima expresión en esta pirámide. Podemos afirmar sin lugar a dudas que quienes construyeron la Gran Pirámide, la aprendieron a construir en Egipto porque está claramente documentado en las pirámides construidas. Como frecuentemente se afirma, mientras la civilización egipcia construía las pirámides….las pirámides construían la civilización egipcia.

En esta evolución, se identifican cinco avances constructivos que marcan los progresos experimentados y que hicieron posible la realización de esta obra maestra.

- Primer avance   Mastaba
- Segundo avance   Pirámide Escalonada

- Tercer avance   Pirámide Lisa
- Cuarto avance   La Gran Pirámide

Figura 1: Evolución de las Pirámides (autor)

La Pirámide Escalonada

La tumba del faraón Zoser es la primera pirámide construida en el Antiguo Imperio Egipcio y marca el comienzo en la evolución de las tumbas reales, desde las mastabas a las grandes pirámides.

Las mastabas se construían durante las primeras dinastías, con ladrillos de adobe, estando el uso de la piedra limitado a sectores aislados de las edificaciones. En la pirámide escalonada la edificación se realizó íntegramente en piedra y es con esta edificación que se inicia el empleo de la piedra caliza a gran escala.

La construcción de esta pirámide, es adjudicada al sabio Imhotep, visir del faraón Zoser, considerado por Maneto como el inventor del arte de edificar en piedra (Lehner 1997:84). Las altura de la pirámide así obtenida es de 60 m,

Figura 2: El-Faraun Mastaba (Jon Bodsworth)

mientras que los lados de la base miden 121 x 109 m. (Edwards 993:37).

11

Agrimensura de la Pirámide Escalonada

Orientación de la Pirámide y Trazado de la Línea de Referencia:

La agrimensura de las pirámides escalonadas es acorde a los elementos imprecisos que utilizaron para trazarlas.

El trazado comenzaba marcando la "línea de referencia", porque a partir de ella se obtendrá el cuadrado de la base con sus ejes y de allí el resto de la estructura.

La línea de referencia es trazada en dirección de los puntos cardinales Norte-Sur o Este-Oeste. El método más aceptado por los especialistas para obtener la línea de referencia, consiste en determinar el Norte verdadero mediante la salida y puesta del sol u otra estrella, respecto al centro de un círculo desde el cual es observada. La bisección del arco formado en el círculo indica el Norte verdadero (Edwards 1993:251).

Figure 3: La Pirámide Escalonada de Zoser (autor)

Otro procedimiento sugerido consiste en marcar la sombra más corta que produce un gnomon (poste) en el transcurso de un día.

La palabra gnomon procede del griego y significa 'guía', se refiere a un objeto alargado, dispuesto verticalmente y que proyecta sombra. Dicha sombra corresponde al denominado mediodía solar y ocurre cuando el sol alcanzó la máxima elevación del día encontrándose en el punto cardinal Sur (azimut 180 grados) proyectando la sombra del poste en dirección Norte. Uniendo los puntos de sombra más corta obtenidos en el transcurso de varios días, en que la sombra se va desplazando, se tiene una línea orientada según la dirección Norte – Sur (Smith 2006:80).

Kate Spence propone que los antiguos egipcios utilizaron las estrellas, método conocido como "simultaneous transit" para alinear las pirámides según el Norte. Sostiene además que la desviación en la orientación de las pirámides de los puntos cardinales se explica por el fenómeno de precesión de la tierra, lo cual permite determinar la fecha en que fueron realizadas. En opinion de Glen Dash, Spence's simultaneous transit theory was brilliantly conceived. However, the available evidence, when viewed collectively, does not support it. (*).

Martin Isler propone que los egipcios utilizaron el sol para orientar las pirámides. Entiende que emplearon una técnica conocida como el "Método del Círculo Indio". (*)

Glen Dash realizó la demostración práctica de este método obteniendo en la alineación una desviación similar y aún menor que la alcanzada por los antiguos agrimensores

egipcios. (*)

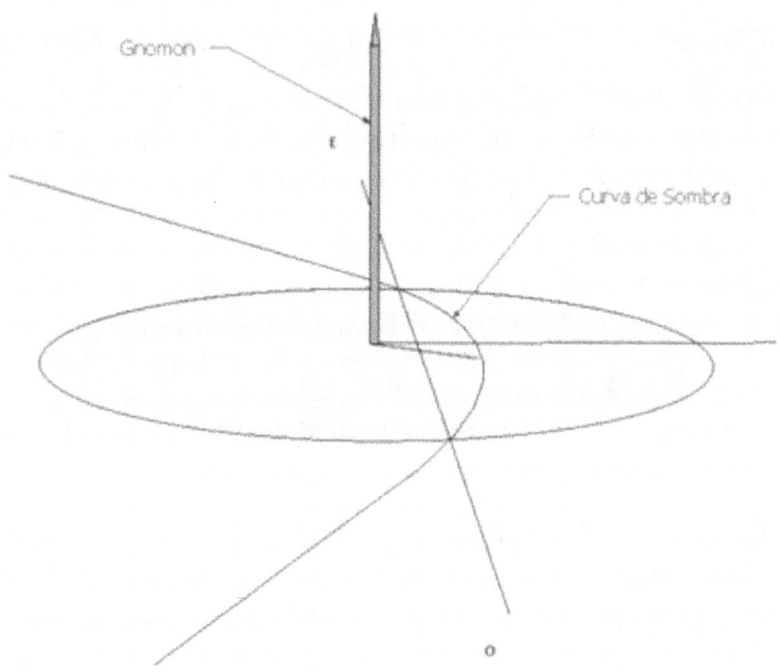

Figura 4: El Círculo Indio (autor)

El método del círculo indio consiste en colocar un gnomon vertical sobre una superficie nivelada en la que se trazará la curva de sombra producida por el gnomon durante el solsticio de verano. Luego se traza un círculo con centro en el gnomon y radio igual a la altura de éste. El círculo interceptará la curva de sombra en dos puntos A y B, luego se traza una recta que pase por esto puntos, obteniéndose así la línea de referencia. Esta línea quedará orientada según la trayectoria del sol en el intervalo en que se realiza el trazado. Si el trazado se realiza el día del solsticio de verano o próximo a este, el sol no tiene declinación y la línea de referencia quedará orientada en dirección Este - Oeste. Si el trazado se realiza cualquier otro día alejado de los solsticios, el recorrido del sol tendrá declinación y la línea de referencia quedará con una desviación respecto a los puntos cardinales que estará relacionada con la declinación solar. Si ese día del año el sol se está alejando del solsticio de verano la desviación de la línea de referencia será en sentido anti horario, mientras que si se está acercando será en sentido horario.

Esta técnica tiene una base lógica que deduciremos más adelante, durante el trazado de la Gran Pirámide.

Trazado del cuadrado de la base:

Una vez obtenida la línea de referencia, se traza a partir de ella sobre la superficie nivelada, el cuadrado de la base y sus respectivos ejes, para lo cual es necesario trazar líneas perpendiculares con precisión. El método más aceptado para trazar líneas perpendiculares consiste en el uso del triángulo 3, 4, 5 (Lehner 1997:213).

Utilizando un cordel de 12 unidades de largo, se sujeta el mismo a una estaca ubicada en el punto "a", midiendo 3 unidades sobre la línea base se obtiene el punto "c". El punto "d", se determina extendiendo el cordel 5 unidades y su ubicación queda perfectamente determinada al colocar el extremo del cordel en el punto "a". Uniendo el punto "a" con el "d" se obtiene la línea a-d, perpendicular a la línea base a-b. (ver Fig: 5)

Empleando el mismo procedimiento se traza la línea opuesta que completa el lado Norte de la base. Las longitudes se miden mediante una vara cuyo largo está establecido en codos reales.

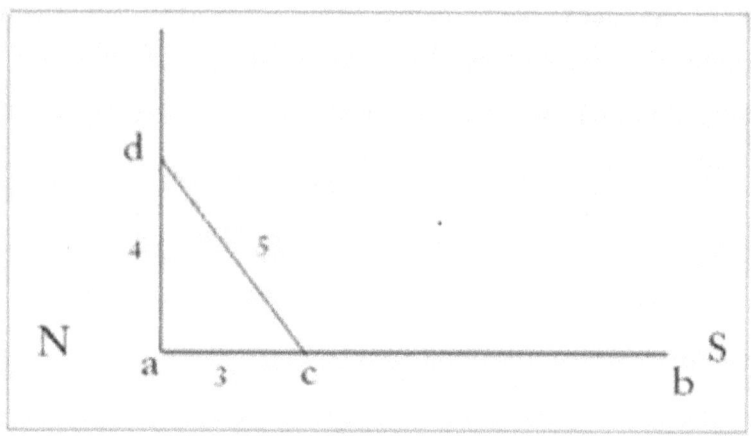

Figura 5: Trazando un ángulo recto (autor)

Una trazada la base cuadrada se está en condiciones de construir el primer escalón y los sucesivos, con sus correspondientes retiros, hasta llegar a la cima.

La Pirámide Lisa

Así como Imhotep, visir del faraón Zoser, fue el creador de la pirámide escalonada, el faraón Sneferu realizó los avances constructivos que hicieron posible la obtención de la pirámide de caras lisas a principios de la IV dinastía. Las pirámides eran símbolos del culto solar, identificadas con la perfección del dios Ra y con la piedra sagrada Ben - Ben. Según Edwards tanto las pirámides como el Ben - Ben representan los rayos solares, simbolizando así lo inmaterial que se materializa (Edwards 1993:281).

Sin perjuicio de las interpretaciones religiosas, en mi opinión esta transformación se produjo, en la búsqueda de una solución práctica para evitar la acumulación de arena sobre los escalones. Este defecto daba un aspecto antiestético y los alejaba de la perfección que querían conseguir en sus obras. La idea aparentemente sencilla de colocar una cobertura para alisar las caras, presentó ciertas dificultades para su concreción práctica.

A diferencia de las pirámides escalonadas en que los errores de medición podían ser absorbidos en cada escalón, en la pirámide lisa los errores no se podían ocultar, se acumulaban y eran claramente apreciables. La luz solar y las sombras proyectadas sobre las caras de la pirámide magnificaban estos defectos. Una de las obras del faraón Sneferu a comienzos de la IV dinastía, consistió justamente en transformar la pirámide escalonada de Meidum construida en la dinastía III por el faraón Huni en pirámide de caras lisas. El trazado consistió en demarcar toda la forma piramidal sobre la estructura escalonada. La demarcación se realizó mediante el empleo de cordeles sujetos a soportes que es el procedimiento usualmente utilizado en el replanteo de construcciones. Luego los bloques de la cobertura fueron colocados siguiendo la forma delimitada por los cordeles. La estructura escalonada existente permitió acceder a la cima desde donde se inicia el trazado ubicando el punto de cima.

Figura 6: La Pirámide de Meidum (Jon Bodsworth)

La cima se determina de manera que el trazado contenga la estructura escalonada y deje espacio para la colocación de la cobertura. Es desde el punto de cima que se comienza el trazado de la forma piramidal proyectándose las aristas hacia abajo hasta llegar a la base.

Frecuentemente se propone que la forma piramidal fue trazada de abajo hacia arriba, esto es desde el suelo hacia la cima. La primera dificultad consiste en la imposibilidad de trazar con precisión la base cuadrada alrededor de la pirámide escalonada. Al no poderse acceder a visualizar las esquinas opuestas de la base ni trazar sus diagonales el trazado sería extremadamente impreciso.

La cobertura estaba compuesta por los bloques del

revestimiento, tallados en fina piedra caliza y forma trapezoidal, sustentados entre sí por los denominados bloques de respaldo (ver Fig:7). El espacio comprendido entre los bloques de respaldo y el núcleo era completado utilizando los denominados bloques de relleno. Estos bloques al igual que el núcleo fueron tallados en piedra caliza pobre obtenida en las canteras locales (Arnold 1991:168).

"Esta separación entre la cobertura y el núcleo fue crucial en la construcción de pirámides y determinó, la estructura de estos edificios" (Arnold 1991: 159).

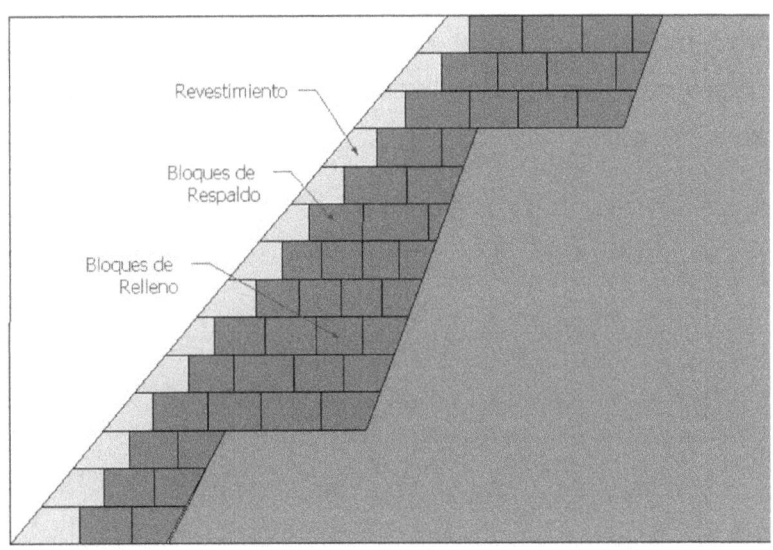

Figura 7: Estructura de la Cobertura (autor)

El colapso de la cobertura y parte del núcleo de la pirámide de Meidum, dejó a la vista el núcleo escalonado con forma de torre. La opinión predominante entre los egiptólogos es que la pirámide fue desmantelada y utilizada como cantera de piedras en tiempos posteriores al Antiguo Imperio. En estas actividades lo que se buscaba era extraer la fina piedra caliza blanca que no abunda en la zona y se encontraba en los sucesivos revestimientos de la pirámide.

Actualmente el aspecto de dicha pirámide es el de una gran torre de tres escalones, en medio de un montículo de escombros y arena

El faraón Sneferu construyó además dos pirámides en Dashur, la Pirámide Romboidal y la pirámide Roja.

Los progresos realizados por Sneferu en Dashur, produjeron avances notables en la forma de las tumbas reales así como en los procedimientos para obtener estructuras estables, que hicieron posible la construcción de pirámides lisas hasta alcanzar la máxima altura en la Gran Pirámide.

Figura 8: La Pirámide Roja (Jon Bodsworth)

Estructura del Núcleo en la Pirámides Lisas

El núcleo de las pirámides lisas, se encuentra oculto debajo de la cobertura que le dio la forma piramidal.

La dificultad para visualizar el núcleo ha dado lugar a diferentes interpretaciones respecto a cómo es la estructura (Arnold 1991:159). Inicialmente predominaba la opinión de que las pirámides lisas que se comenzaron a construir en la IV dinastía tenían un núcleo formado por acumulación de capas al igual que las pirámides de la III dinastía.

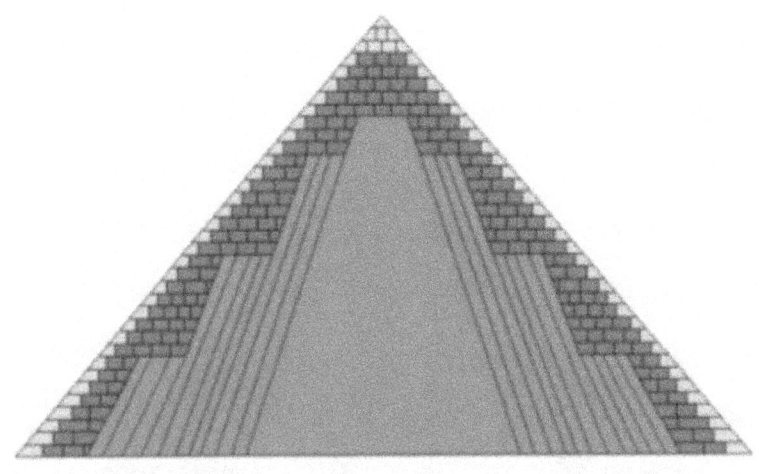

Figura 9: Esquema de la Pirámide de Meidum (autor)

Las exploraciones realizadas por Maragioglio y Rinaldi en Giza, demuestran que el núcleo de las pirámides de la IV dinastía está compuesta por hiladas de bloques horizontales. A estas conclusiones llegan luego de investigar los túneles efectuados por saqueadores, en los que se visualiza la disposición horizontal de los bloques

(Maragioglio and Rinaldi 1965:16) (Sampsell 2000).

Las pirámides escalonadas de la III dinastía fueron construidas con capas inclinadas y bloques pequeños, mientras que las posteriores, durante la IV y V dinastía se construyeron con hiladas de bloques horizontales de mayor tamaño (Isler 1926:121). Las evidencias arqueológicas disponibles indican que la forma del núcleo de las pirámides lisas es escalonado. La brecha abierta en la pirámide de Micerinos (IV dinastía) en el año 1215 por el Califa Malek, deja a la vista un núcleo escalonado sobre el cual fue colocada la cobertura que le da forma piramidal (Mendelssohn 1974: 115).

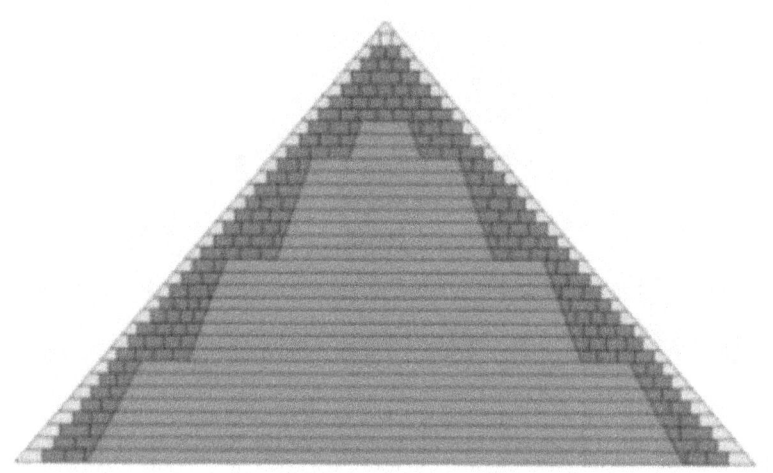

Figura 10: Esquema de la Pirámide Lisa (autor)

Martin Isler también hace referencia a esta evidencia, "la brecha abierta por los mamelucos en la cara Norte de la pirámide de Micerinos ha permitido a los investigadores identificar al menos tres grandes escalones en el interior de la estructura". Cuatro niveles de un núcleo central también pueden verse insinuados en la piedra de recubrimiento al observar la esquina noreste de la pirámide de Kefrén (Isler 1926: 192). En las pirámides satélites existentes en Giza, está a la vista el núcleo escalonado con que fueron construidas.

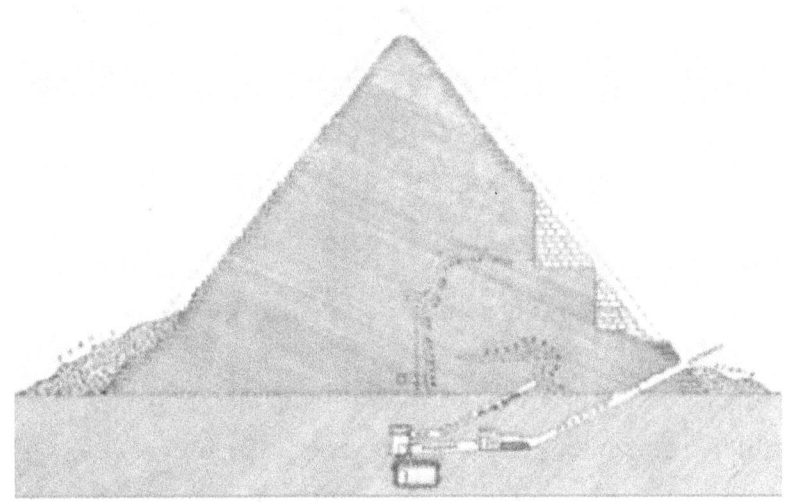

Figura 11: Vista en Corte de la Pirámide de Micerinos

Aún en estas pirámides de menor tamaño, en que la forma podía ser obtenida con mayor facilidad, se construía un núcleo escalonado sobre el cual era colocada la cobertura.

Según Dieter Arnold, debido a que todas las pirámides, antes y después de la IV dinastía fueron construidas con núcleo escalonado, es de suponer que las de la IV dinastía también lo tienen" si bien no ha sido suficientemente demostrado en todas ellas (Arnold 1991: 168).

Según Kurt Mendelssohn: El buen estado de conservación

de las pirámides de Dashur (IV dinastía) impide visualizar su núcleo al igual que en las pirámides de Keops y Kefren

Figura 12: Pirámides Satélites en Giza (Jon Bodsworth)

en Giza, "sin embargo, se puede estar seguro de que ellas también fueron diseñadas de la misma manera"….., según la evidencias arqueológicas presente en la brecha existente en la pirámide de Micerinos (Mendelssohn 1974: 115).

La estructura de la pirámide lisa está compuesta por un núcleo escalonado formado por hiladas horizontales, con bloques de piedra caliza pobre de gran tamaño en el sector bajo y que disminuyen con la altura. La cobertura está compuesta por bloques de relleno y de respaldo que dan una forma piramidal sobre la cual se apoyan los bloques de revestimiento, realizados en fina piedra caliza blanca.

Según Dieter Arnold: "No hay duda de que los bloques de revestimiento, los bloques de respaldo y los bloques de relleno fueron tratados como una unidad estructural que se construyó de forma simultánea (Arnold 1991:82).

La Gran Pirámide

Posteriormente a la concreción del avance constructivo de realizar pirámides de caras lisas alcanzado por Sneferu, el faraón Keops hizo edificar la Gran Pirámide. La realización de esta obra maestra, significó satisfacer con niveles de excelencia los requisitos constructivos, en el avance más notable realizado en la evolución de las pirámides.

En la construcción de la Gran Pirámide se cumplieron dos requisitos constructivos básicos:

Figura 13: La Gran Pirámide (Jon Bodsworth)

Requisitos Constructivos

1) Construir la Pirámide más alta. El objetivo de los constructores de edificar pirámides lo más altas posible, está claramente documentado en la evolución de las pirámides.

En esta evolución constructiva la pirámide más alta es la del faraón Keops con sus entre 146 metros de altura. A esta pirámide se la despojó de su revestimiento y las últimas 10 hiladas de bloques por lo cual la altura original no es conocida con precisión.

2) Obtener perfección en la forma: El requisito de obtener perfección en la forma piramidal era tan relevante como el de la altura a juzgar por los niveles de excelencia con que fueron satisfechos.

En 1883, Flinders Petrie (father of Egyptian archaeology) dio a conocer en su libro "The Pyramids and Temples of Gizeh", los resultados de la medición de las pirámides de Giza. Dichos resultados fueron confirmados con algunas pequeñas diferencias por mediciones posteriores, realizadas por J.H.Cole (a surveyor with the Egyptian Ministry Finance) en 1925. Estas diferencias se deben básicamente a que mientras Petrie utilizó un punto como referencia en cada lado de la pirámide Cole utilizó dos.

En ese libro se da cuenta de la asombrosa precisión alcanzada en el trazado de la Gran Pirámide. Las mediciones de Petrie nos proporcionan las dimensiones de la base así como su orientación. También nos deja algunas interrogantes sin respuestas:

¿Por qué trazaron la Gran Pirámide con tanta precisión y cómo lo hicieron? ¿Cuál era la altura original de la Gran Pirámide? ¿Hay alguna relación entre la altura de la pirámide y su base?

La precisión alcanzada en el trazado de la base de la Gran Pirámide puede ser resumida en esta frase de Petrie: " El error medio de la base de la Gran Pirámide es aproximadamente 0,6 pulgadas (15 mm).

El largo promedio de cada lado del cuadrado de la base es 230,347 metros. La base se encuentra rotada en sentido anti horario aproximadamente 3,5 minutos de arco respecto a los puntos cardinales, pudiendo llegar según algunas mediciones a 5 minutos de arco. Esta desviación es algo menos de 0,1 grado. Sabemos que el ojo humano puede llegar a apreciar una desviación de 1 grado. La rotación de la base ha sido considerada tradicionalmente el principal error de los agrimensores egipcios. Se supone que su intención era orientar la pirámide según los puntos cardinales y lo pudieron hacer con ese pequeño error.

La pirámide de Kefren presenta un trazado asombroso también pero algo menos preciso que Petrie lo resume así: "el error medio de la base de la pirámide es aproximadamente 1,5 pulgadas (38mm).

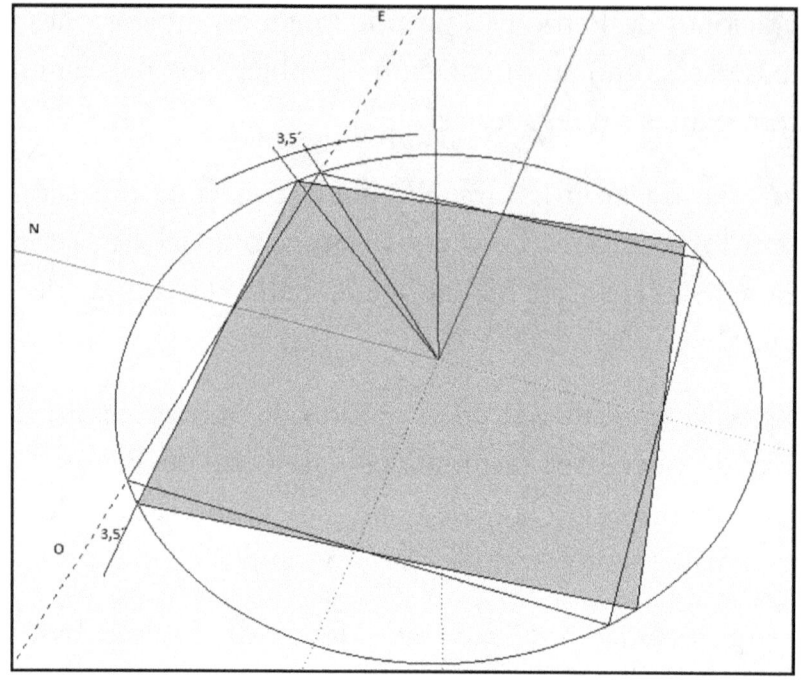

Figura 14: Base rotada de la Gran Pirámide (autor)

El largo promedio de cada lado del cuadrado de la base es 215,262 metros.

Curiosamente el cuadrado de la base en esta pirámide también está rotado en sentido anti horario un ángulo de entre 5 y 6 minutos de arco. El considerado error de orientación que los antiguos agrimensores cometieron en la pirámide de Kefren es prácticamente el mismo que se observa en la pirámide de Keops.

¿Es este un error o existió alguna razón para orientar estas grandes pirámides de esa manera?

Finalmente la medición de la pirámide de Micerinos dio los

siguientes resultados: el error promedio de la base es de 3 pulgadas (76 mm).

Como se observa en estos resultados la precisión de las pirámides lisas aumenta con el tamaño.

Keops   lado = 230,3 metros   error medio = 15 mm

Khafre   lado = 215,2 metros   error medio = 38 mm

Micerinos lado = 105,5 metros   error medio = 76 mm

Kefren tiene el doble de longitud de lado que Micerinos y el error medio se redujo a la mitad. En Keops el error medio también se reduce a la mitad que en Kefren mientras que la longitud del lado es ligeramente superior. Analizaremos este punto con más detalle durante el trazado de la pirámide de Keops.

Los resultados obtenidos es motivo de asombro para los agrimensores modernos. Los antiguos agrimensores eran conscientes de la perfección que habían alcanzado, pero no disponían de instrumentos para realizar semejante medición.

Precisión o Perfección

Antes de incursionar en el trazado de la Gran Pirámide, vamos a analizar por qué el trazado debía ser tan perfecto.

Desde la pirámide de Meidum hasta la Gran Pirámide, los

agrimensores egipcios adquirieron experiencia y oficio que garantizaba la realización del trazado con perfección.

Figura 15: Bloque del Revestimiento (autor)

En principio tenemos que colocarnos en el contexto de la época, los antiguos egipcios utilizaban elementos de medición imprecisos. Por lo tanto ellos nunca pudieron saber la diferencia promedio que existe entre los lados de la base de la Gran Pirámide. Este error es muy pequeño y fue medido por Flinders Petrie a principios del siglo XIX utilizando instrumentos con apreciación óptica.

El faraón exigía perfección y no una precisión que no podría medir. Quería una pirámide de caras lisas en la que no se observaran defectos, eso era lo que él al igual que cualquier observador podía apreciar y juzgar. A diferencia de las pirámides escalonadas en que los errores son absorbidos en cada escalón, en las pirámides de caras lisas los errores se acumulan y visualizan con claridad.

Ejemplo de esa perfección que exigía el faraón es el revestimiento colocado en la Gran Pirámide del cual subsisten aún algunos bloques. Las mediciones realizadas por Petrie reportan gran precisión en los bloques que se conservan en la cara norte de la pirámide (1). El error entre caras horizontales no supera los 0,2mm en cada metro de longitud. El objetivo aquí es la búsqueda de la perfección en la juntura de los bloques.

La "medición" entre las caras de los bloques habría requerido el uso de un instrumento de precisión....... que no tenían. Ocurre que nunca lo midieron con exactitud. Simplemente determinaron una altura con la precisión que les permitía su vara de medir y luego la transportaron. El instrumento tradicionalmente utilizado para comparar medidas o transportarlas es el compás de cantero. Consiste en dos patas de metal curvas unidas por una articulación. Este es un instrumento muy simple y antiguo, el cual es utilizado para transportar medidas con precisión de décimas de milímetro. Entonces podían transportar la medida con precisión de décimas de milímetros, las veces que fuera necesario pero no sabían cuanto medía en décimas de milímetro. Lo mismo ocurrió con el trazado de las pirámides lisas, sabían que el trazado tenía gran perfección pero no podían medirlo.

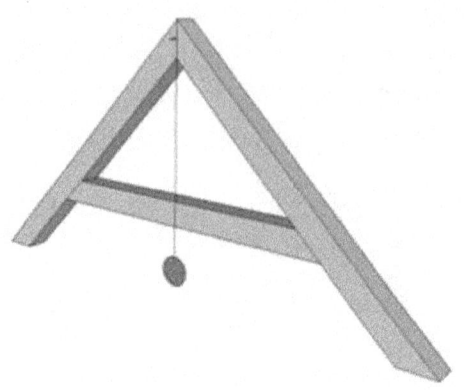

Figura 16: La Escuadra Niveladora (autor)

Trabajos de Nivelación

La ejecución de una obra civil comienza con los trabajos de agrimensura. Durante la agrimensura se realiza el replanteo de la obra que consiste en el trazado sobre el terreno de la planta de la edificación que se va a construir. El replanteo de la obra requiere que se nivele el terreno sobre el cual se realizará el trazado. Los antiguos egipcios disponían de un instrumento para controlar niveles llamado la escuadra niveladora y también pudieron recurrir a la canalización del agua para obtener un nivel horizontal preciso.

La superficie a nivelar era 5,23 hectáreas que es la superficie que ocupa la base de la Gran Pirámide. Sin embargo de esta superficie solo se niveló el perímetro en el que se encuentra trazado el cuadrado de la base de la pirámide, la calzada y alrededores.

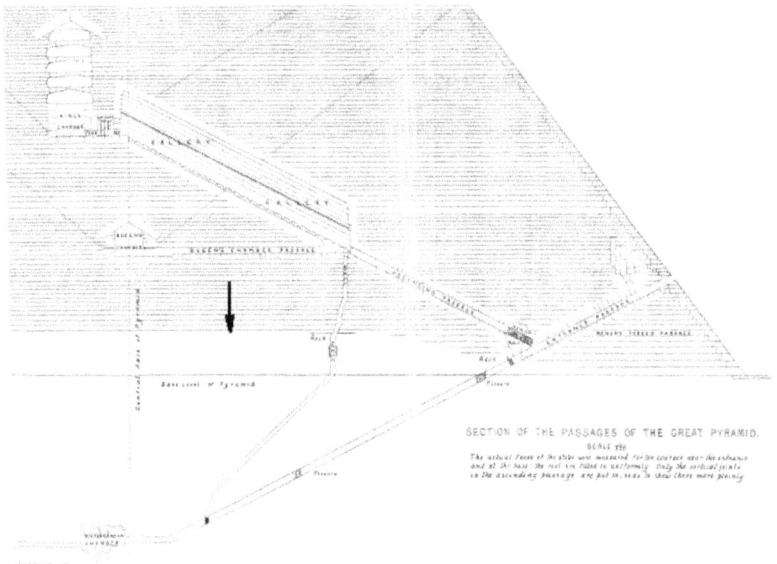

Figura 17: Vista en corte de la Gran Pirámide (Petrie)

Existe un montículo en la base de la pirámide de unos 15 metros de altura sobre el cual se edificó la pirámide. Este montículo forma parte de la meseta misma y es visible desde el conducto que se excavó dentro de la pirámide y que conecta la entrada de la Gran Galería con el corredor descendente ..

Como vimos anteriormente, el trazado del cuadrado de la base de la pirámide se realizó con asombrosa exactitud y precisión. Si este trazado se hubiera hecho midiendo sobre el terreno, entonces éste habría sido nivelado para poder trazar las diagonales del cuadrado.

Las diagonales eran imprescindibles tanto para trazar el cuadrado como para chequear su exactitud. La existencia de ese montículo indica que el trazado de la base de la pirámide fue realizado alrededor del mismo y sin poder recurrir al trazado de las diagonales. Además se suma la imposibilidad de trazar esta base de grandes proporciones con la exactitud con que lo hicieron, sin disponer de instrumentos precisos.

Esta es una razón más para pensar que no midieron directamente sobre el terreno sino que utilizaron una técnica diferente que les permitió trazar la base con precisión.

Figura 18: Base de la Pirámide de Kefren (autor)

En la base de la segunda gran pirámide, la pirámide de Kefren, ocurre lo mismo, el terreno no fue nivelado y un sector de la misma meseta forma parte de la pirámide. Este montículo es claramente visible desde el exterior al haberse retirado el revestimiento que lo ocultaba.

Obsérvese el nivel original de la meseta en el sector izquierdo. El espacio entre este sector y la pirámide fue excavado y quedaron vestigios del trabajo de cantera realizado en el lugar donde se extrajeron bloques. A la derecha en el sector bajo de la pirámide se observa como continúa la meseta que fue excavada en forma de escalones para sostener la cobertura. Por otra parte, los antiguos egipcios, aún cuando disponían de la fuerza laboral de todo un imperio, no trabajaban innecesariamente.

Figura 19: Montículo en la base (autor)

Se ahorraron el trabajo de nivelar el terreno y el de cortar, transportar y colocar los bloques equivalentes a ese montículo. También ganaron con la existencia de un sector central de gran estabilidad estructural.

Las pirámides más grandes son las más precisas en su trazado, por la misma razón que los relojes de sol más grandes son los más precisos.

Daniel Gerardo

CAPÍTULO II

DANIEL GERARDO

Etapas de Construcción

Al igual que toda obra civil la construcción de las grandes pirámides de Giza requirió resolver su agrimensura primero antes de avanzar en la construcción. Siendo improbable construir cualquier edificación sin resolver su agrimensura primero, menos probable lo es aún en el caso de una pirámide lisa. Porque el trazado de una pirámide lisa determina las etapas de construcción de la misma.

El trazado de una pirámide lisa es diferente al de cualquier otra edificación, justamente por su forma piramidal. En un edificio por ejemplo, se traza la planta sobre el terreno nivelado, esto es la base del edificio. Luego las aristas del edificio son verticales y se trazan a medida que se construye, utilizando por ejemplo una simple plomada.

En la Gran Pirámide tanto el trazado como la edificación se hicieron de manera diferente. La superficie del terreno debajo de la pirámide no fue nivelado, lo que indica que tampoco trazaron el cuadrado de la base, al no tenerse acceso a trazar las diagonales y a ver desde una esquina a la opuesta, como explicamos anteriormente.

En el trazado de una pirámide lisa las aristas tenían que ser rectas y debían encontrarse en el punto de cima a 146 metros de altura (es la altura de un edificio de 48 pisos).

El trazado de las aristas no pudo realizarse a medida que avanzaba la construcción porque nuevamente requeriría el uso de instrumentos precisos y los conocimientos de agrimensura necesarios para hacerlo.

"Cuidadosa agrimensura durante la construcción era esencial, de lo contrario, podría producirse un desvío y las aristas no se reunirían en la cima" (Hawass, 1).

El trazado de la forma piramidal a medida que se construye la pirámide, habría producido una acumulación de errores los cuales impedirían que las cuatro caras triangulares se encontraran en el punto de cima. Agregamos que una vez producidos estos errores inevitables, no era posible corregirlos, ya que se visualizaban cuando la construcción estaba avanzada, próxima a la cima.

En Meidum la cobertura fue colocada sobre un núcleo muy impreciso. Todo indica que existió una remedición luego de la construcción del núcleo, antes de colocar la cobertura. Algo similar puede observarse en la pirámide de Keops en que el núcleo aparece algo desviado respecto a la forma final de la cobertura. Las hiladas no son perfectamente horizontales como deberían ser si se trazara la forma piramidal a partir de ellas. (Isler 1926: 210).

A diferencia de la pirámide escalonada en que los errores pueden ser absorbidos en cada escalón, en la pirámide lisas, las aristas tenían que ser rectas y debían encontrarse en la cima. Cualquier desviación o curvatura en una arista sería claramente visible. Para una pirámide del tamaño de la de Keops, una desviación de 2 grados en la base se transforma en 15 metros en la cima, con lo cual las aristas no se encontrarían en el punto de cima. El trazado de la forma piramidal sin disponer del punto de cima, requeriría el empleo de instrumentos de precisión que los antiguos egipcios ciertamente no conocían. Es necesario edificar primero el núcleo escalonado para determinar la ubicación del punto de cima, imprescindible para trazar desde ahí la forma piramidal (Mendelssohn 1974:116).

La precisión de las pirámides lisas se encuentra en la cobertura, la cual fue colocada sobre un núcleo escalonado impreciso que se construyó primero. Esto es lo lógico y lo usual en toda construcción, la terminación se obtiene al colocar la cobertura sobre una estructura que se hace primero.

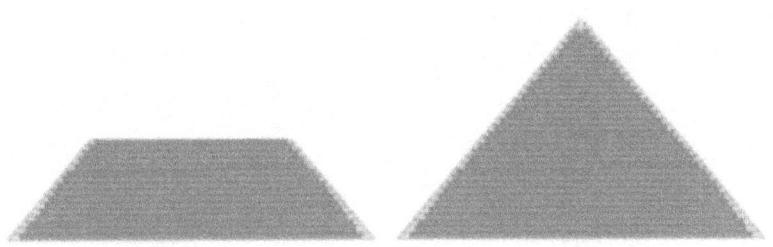

Figura 20: Construcción en "Una Etapa" (autor)

La manera tradicionalmente aceptada de trazar la pirámide, de abajo hacia arriba, o desde el suelo, es un falso paradigma que hemos incorporado y es el origen de gran parte de las confusiones. Esto conduce a un escenario falso en que es posible construir la pirámide en una única etapa, todo de una vez.

En la búsqueda por resolver la elevación de bloques y hacer una rampa más eficiente que la propuesta inicialmente por Ludwig Borchardt, los investigadores avanzan por el camino equivocado, que los antiguos egipcios nunca recorrieron y que no conduce a la Gran Pirámide. Se origina así un laberinto de teorías que intentan resolver problemas inéditos, que los antiguos egipcios no comprenderían y del cual solo es posible salir trazando la pirámide como lo hicieron los antiguos egipcios.

El escenario de los agrimensores egipcios y del faraón Sneferu en particular fue otro muy distinto. Él simplemente se planteó como transformar la pirámide escalonada de Meidum en pirámide de caras lisas. Se trataba entonces de trazar la forma piramidal sobre una pirámide escalonada ya existente. La forma piramidal era trazada desde el punto de cima, hacia abajo. Este es un problema completamente diferente a trazar la pirámide desde el suelo y es el que resolvieron los antiguos egipcios.

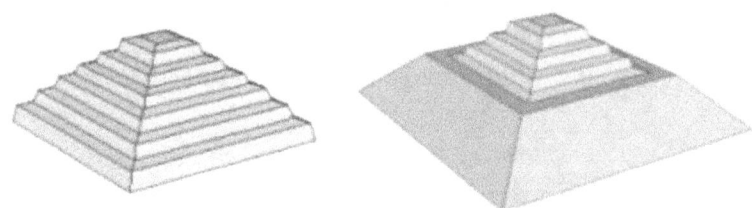

Figura 21: Etapas de Construcción (autor)

La existencia del núcleo escalonado en el interior de las pirámides lisas, como vimos en el capítulo anterior, confirma que siempre hicieron lo mismo, comenzaban construyendo el núcleo escalonado sobre el cual trazaban la forma piramidal.

El trazar la Gran Pirámide de abajo hacia arriba mientras se construía la pirámide, así como construir la pirámide en una sola etapa, era un problema sin solución para la época y que no estaba en la posibilidad de los antiguos egipcios resolverlo.

Si estaba en sus posibilidades trazar la forma piramidal desde el punto de cima y sobre el núcleo escalonado ya construido como veremos luego.

Construcción del Núcleo Escalonado

La construcción de toda pirámide lisa comenzaba con el trazado y construcción de un núcleo escalonado impreciso. El núcleo representaba la mayor parte del volumen de la pirámide y su construcción se realizaba con rampas rectas de amplia calzada en el sector bajo y medio así como rampas apoyadas sobre los escalones del núcleo, en el sector alto. En el sector bajo se utilizaron múltiples rampas rectas, ya que en las primeras hiladas, las rampas eran simples terraplenes de amplia calzada. En el sector bajo es donde se encuentra el mayor volumen de la pirámide y donde la cantidad de obreros es mayor.

A mediana altura y hasta los 70 metros llegaba la rampa procedente de la cantera. A esta altura (70 metros) se colocaron grandes bloques de granito como los existentes en el techo de la Cámara Superior (60 toneladas). Estas rampas llegaban desde la cantera hasta la esquina O-S del núcleo escalonado. Luego la rampa continuaba apoyada sobre el núcleo escalonado hasta llegar a los 70 metros de altura.

Vestigios de rampas de esta altura fueron reportados por Borchardt en 1920 en la pirámide de Meidum. Basándose en estos descubrimientos propuso el uso de rampas rectas de grandes proporciones para construir las pirámides lisas. Esta fue una primera propuesta para la construcción de la Gran Pirámide y originó muchas objeciones y gran cantidad de teorías proponiendo diferentes formas de rampas. Esto es debido a que la Gran Pirámide duplica la altura de la pirámide de Meidum. El volumen de material a acumular en la rampa aumenta exponencialmente con la altura y en la Gran Pirámide superaría el de la propia pirámide.

Mark Lehner sostiene que la rampa recta no pudo llegar desde la cantera hasta la cima de la pirámide porque hubiera tenido una pendiente muy empinada.

Según Hawass, Lehner localizó la cantera en el lado sur de la pirámide de Keops. Esa es la única dirección que pudo contener la rampa. En las direcciones Este y Oeste hay tumbas del reinado de Keops, mientras que en el Norte no hay vestigios de canteras y la pirámide está próxima al borde de la meseta (Hawass).

La rampa comenzó en la boca de la cantera y se extendió unos 32 m hasta la esquina Sur - Oeste de la pirámide, alcanzando un aumento total de altura de 37 m con un pendiente de unos 6 grados 36 minutos. Luego de hacer referencia a que una rampa de similares dimensiones es descripta en el papiro de Anastasi (finales del Nuevo Imperio).

Descubrimientos recientes reportados por Zahi Hawass, confirman la existencia de vestigios de esta rampa recta que llegaba, desde la cantera ubicada en el Sur de la meseta de Giza hasta la esquina Sur – Oeste de la pirámide.

Figura 22: Rampa Pirámide de Meidum (Borchardt)

Durante la construcción del sector bajo y medio del núcleo, fue necesario movilizar importante cantidades de bloques de gran tamaño. Se disponía de espacios amplios para realizar las maniobras de desplazar y ubicar en sitio estos bloques donde participaron importantes cantidades de obreros. Estos bloques de gran tamaño fueron empleados para dar consistencia y estabilidad a la estructura.

Considerando el trazado de la rampa y la existencia de bloques de gran porte (60 toneladas) en el techo de la Cámara del Rey a 68 metros de altura, la rampa debió continuar apoyada sobre los escalones del núcleo en la cara Oeste y Norte, hasta alcanzar esa altura. Las losas de granito de la Cámara del Rey procedían de la lejana cantera de Assuán y eran traídos mediante barcos hasta el puerto existente en Giza. Una rampa accesoria conectaba el puerto con la rampa principal procedente de la cantera, por la cual fueron elevadas estas losas hasta su posición final.

Superada la altura en que se encuentran los grandes bloques del techo de la Cámara del Rey, (68 m) la construcción de la estructura se continuó conforme al método tradicional, utilizando rampas apoyadas sobre los escalones del núcleo.

El sector bajo y medio es donde se concentra la mayor parte del volumen del núcleo y los bloques de mayor tamaño que requerían cuadrillas numerosas.

El tamaño de los bloques del núcleo disminuye con la altura, evidencia de que la dificultad de subirlos aumentaba con la altura, al disminuir el espacio existente en las rampas y sobre la estructura.

Durante los meses de inundaciones llegaban la mayor cantidad de hombres y las rampas tenían que ser espaciosas para permitir el trabajo de gran cantidad de cuadrillas.

Una confusión frecuente consiste en afirmar que si hay 2.300.000 bloques en la Gran Pirámide y se construyó en 20 años trabajando un promedio de 10 horas al día, entonces se requirió colocar un bloque cada 2 minutos, lo cual se considera imposible.

Figura 23: Marca dejada por la rampa sobre la pirámide de Meidum (Jon Bodsworth)

Es imposible si trabajaba una cuadrilla sola.... pero trabajaban centenas de cuadrillas y aumentaban durante las inundaciones. Para 300 cuadrillas dedicadas al trabajo de subir los bloques hasta la hilada en construcción, cada cuadrilla disponía en promedio de 10 horas (2 minutos x 300 cuadrillas) para colocar cada bloque. Otra confusión consiste en suponer que la Gran Pirámide se construyó de manera diferente al resto de las pirámides lisas. El incremento de altura de la Gran Pirámide no implicó modificar las técnicas de construcción utilizadas hasta el momento. La rampa en espiral apoyada sobre los escalones permitió edificar ese núcleo escalonado sin inconveniente. Una vez terminado el núcleo se despejaba de rampas que interfirieran, realizando el trazado de la forma piramidal, marcándola mediante cordeles sujetos a soportes.

Trazado y Orientación de la Cobertura
Teorema de Tales:

Comenzaremos a analizar el trazado de la cobertura de las pirámides lisas. Recurriremos al razonamiento de un pensador antiguo que determinó la altura de la Gran Pirámide (Tales de Mileto). Citaremos también el razonamiento que realizó un agrimensor y arqueólogo moderno que determinó la altura de la Gran Pirámide (Flinders Petrie).

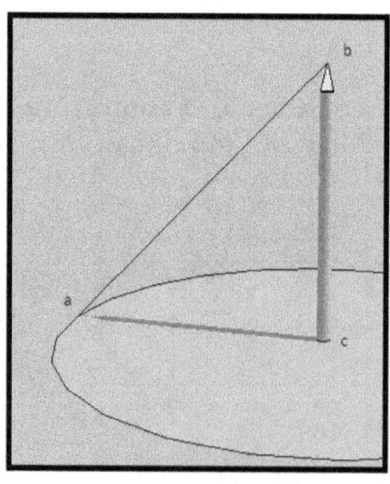

Figura 24: El Modelo (autor)

Es interesante comparar y ver como razona cada uno en función de los elementos de juicio que tienen disponibles.

El matemático griego Tales de Mileto (620 al 546 a.c.) determinó la altura de la Gran Pirámide sin medirla directamente, según el relato recogido por Plutarco. Utilizó para ello uno de los teoremas que lleva su nombre. El razonamiento que hizo fue el siguiente:

"La relación que yo establezco con mi sombra es la misma que la pirámide establece con la suya.". De ahí dedujo: "En el mismo instante en que mi sombra sea igual que mi estatura, la sombra de la pirámide será igual a su altura."

Para aplicar este teorema, Tales trazó un círculo con el radio igual a su estatura.

Luego colocó un poste (gnomon) en el centro del círculo, de altura igual a su estatura y esperó a que su sombra alcanzara el círculo.

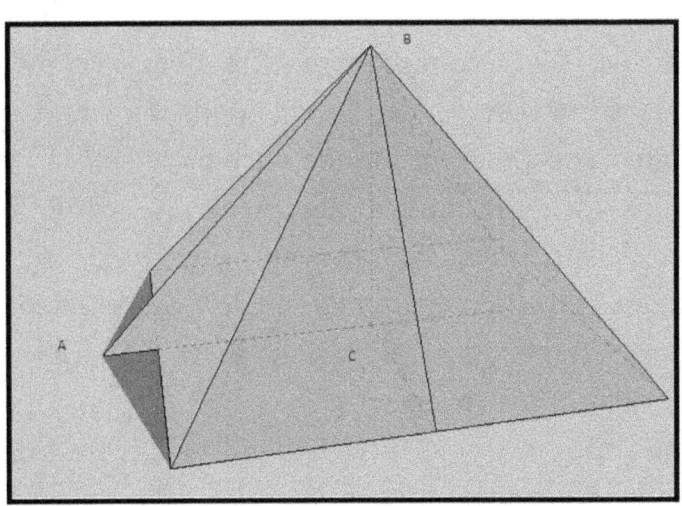

Figura 25: Sombra Proyectada por la Pirámide (autor)

En el instante en que la sombra cortó el círculo, le hizo una seña a su ayudante quien marcó con una estaca la posición de la sombra de la pirámide. Luego midió el largo de la sombra marcada en la pirámide la cual tenía que ser igual a la altura de la pirámide.

El triángulo A B C formado por la sombra de la pirámide es semejante al triángulo abc formado por la sombra del modelo porque tienen los ángulos iguales. Esto es así porque ambos triángulos son semejantes porque tienen ángulos iguales y sus lados son proporcionales.

En este caso los rayos inciden con un ángulo de 45 grados por lo cual ambos lados de cada triángulo son iguales. La sombra que proyecta el modelo "ab" es igual a la altura del poste o gnomon "cb" mientras que la sombra proyectada por la pirámide "AC" es igual a su altura "CB".

Esta determinación de la altura de la pirámide es aproximada. La sombra proyectada por la cima de la pirámide sobre el suelo, tiene poca definición y no se puede determinar con precisión donde termina la sombra. El sol no es una fuente puntual de luz, tiene un tamaño angular visto desde la tierra de aproximadamente 0,5 grados, lo cual genera una zona de penumbra entre la sombra y la luz. Para la altura de la pirámide el ancho de la penumbra es de aproximadamente 1,10 metros.

Podemos entonces colocar el triángulo abc en el triángulo ABC con lo cual se visualiza mejor la semejanza y la proporcionalidad

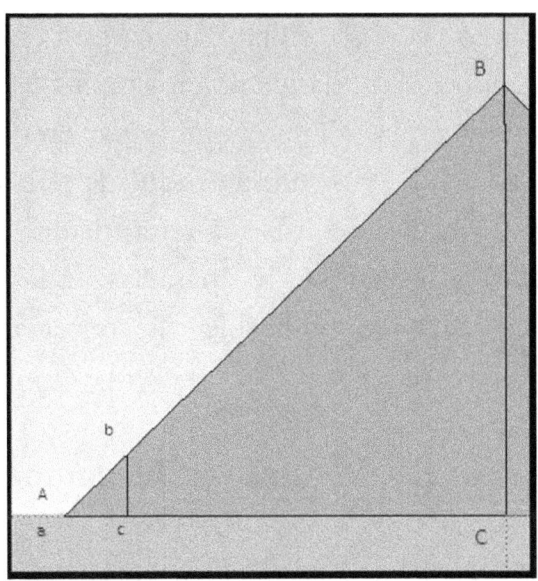

Figura 26: Teorema de Tales (autor)

Flinders Petrie también determinó la altura de la Gran Pirámide en forma aproximada. Debido a que la cima de la pirámide fue removida al igual que los últimos 10 metros de hiladas de bloques, la determinación de la altura que hizo Petrie es una altura estimada también. Esta altura la calculó utilizando el tamaño de la base y la pendiente que presentan algunos bloques del revestimiento que aún permaneces en su posición.

"En general, probablemente no podemos hacer mejor que tomar 51° 52 '± 2' como la aproximación más cercana al ángulo medio de la pirámide. La base media es 9068,8 ± 0,5 pulgadas (230,347 mt), esto produce una altura de 5776,0 ± 7,0 pulgadas (146,71 mt)." Petrie.

El trazado de la cobertura es relativamente simple e intuitivo pero estamos acostumbrados a medir y estas técnicas antiguas no nos resultan familiares. Los trabajos en el antiguo Egipto eran relativamente simples y no ocurrían grandes cambios en las técnicas empleadas en el transcurso del tiempo. El uso de la sombra producida por un gnomon era la herramienta básica utilizada para medir el tiempo, el transcurso de las estaciones y para trazar las pirámides. Esta técnica no era aplicable al trazado de otras edificaciones.

Las curvas de sombras del gnomon

En el transcurso de cada día un gnomon producirá una curva de sombras. En el transcurso del año, estas curvas se encontrarán entre las curvas de los solsticios de invierno y verano. El solsticio de verano marca la posición más alta del sol en el cielo mientras que el solsticio de invierno indica la posición más baja del sol en el transcurso del año. Al movimiento de rotación y traslación de la tierra se suma la declinación solar causada por el cambio de posición del eje de la tierra. El movimiento de declinación solar es permanente durante todo el año, salvo en los días de los solsticios en que no hay declinación.

La declinación solar se visualiza en que el sol cada día sale por un punto diferente por el Este y se oculta por un punto distinto por el Oeste. El recorrido del sol en los solsticios es en dirección Este – Oeste y no hay declinación. Por esta razón siempre se sugiere que las pirámides fueron orientadas durante el solsticio de verano.

En los equinoccios el sol sale por el punto más próximo al

punto cardinal Este y se pone por el punto más próximo al punto cardinal Oeste. En el equinoccio el movimiento del sol tendrá declinación al igual que el resto de los días del año.

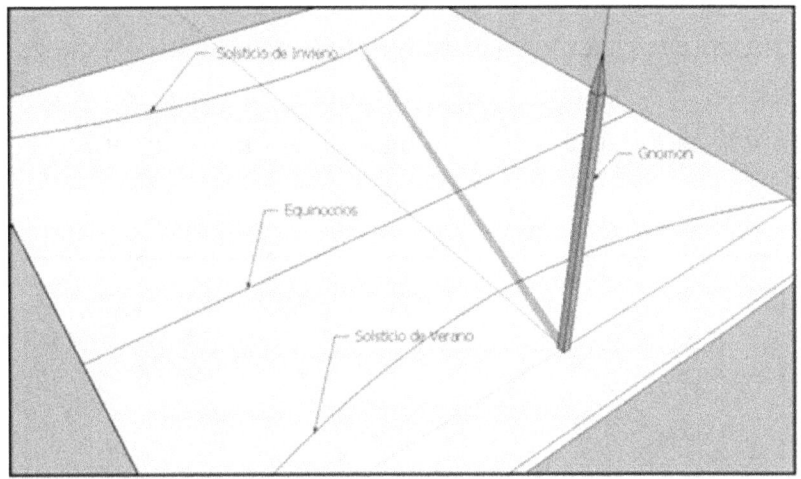

Figura 27: Sombras proyectadas por el gnomon (autor)

Características del trazado de las pirámides de Giza:

La Gran Pirámide se comporta como un gnomon proyectando diariamente su cima una curva de sombras.

El dimensionado y trazado de la base cuadrada de la pirámide fue realizado de tal manera que las esquinas del lado Norte, puntos 1 y 2, tocan la curva de sombra correspondiente al día 11 de octubre. En el transcurso de ese día la sombra ingresará en la pirámide por la esquina N – O y saldrá por la esquina N - E. En la pirámide de

Kefren ocurrirá lo mismo pero el día 8 de octubre.

Ese día en horas de la mañana cuando el sol llega al punto 1 (ver Fig. 28), los rayos solares inciden con la pendiente de la arista de la pirámide, y la sombra de la cima de la pirámide cae exactamente sobre la esquina N – O, punto 1. La curva de sombra y la esquina N – O de la pirámide se tocan en ese instante. En horas de la tarde el sol alcanza la posición 2 y la cima de la pirámide proyecta su sombra sobre la esquina N – E de la base de la pirámide, punto 2.

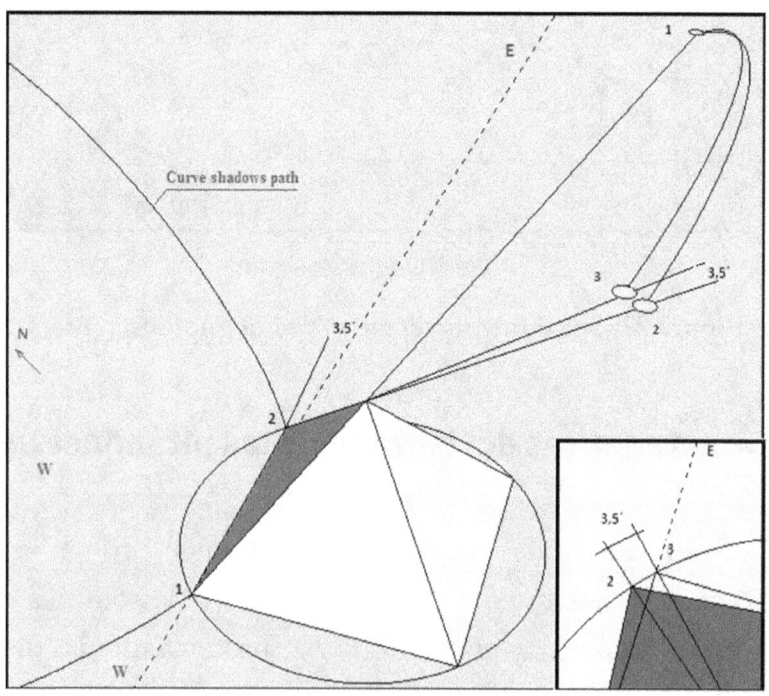

Figura 28: Declinación Solar (autor)

La curva de sombra y la esquina N – E de la pirámide se

tocan en ese instante. Como explicamos anteriormente la curva de sombra está algo desviada hacia el Norte debido a la declinación solar y la cuerda que une dos puntos de esta curva estará inclinada también hacia el Norte.

Trazando una recta que una ambas esquinas, puntos 1 y 2, obtenemos el lado Norte de la base de la pirámide que es también la cuerda de la curva de sombras. El lado así obtenido no estará orientado en la dirección E – O, sino que estará levemente desviado hacia el Norte al igual que la cuerda de la curva de sombras. Esta desviación es causada por la declinación solar ocurrida entre los puntos 1 y 2, que se visualiza en el ángulo existente entre el punto 2 y 3.

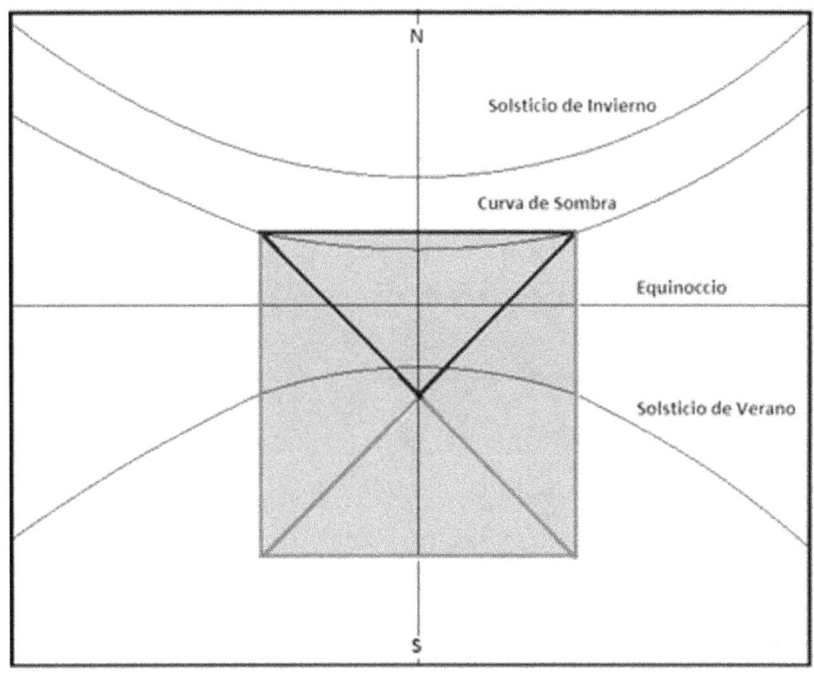

Figura 29: La pirámide y las curvas de sombras (autor)

El punto 3 en el cielo es la posición que ocuparía el sol si no hubiera declinación solar. El punto 2 en el cielo es la posición real que ocupa el sol con declinación solar. La declinación solar promedio durante el mes de octubre es de aproximadamente 0,9´de grado en cada hora. En las aproximadamente 4 horas que demora el sol en ir de la posición 1 a la 2, se produce una declinación solar de 3,5´.

La relación entre la altura de la pirámide y el lado de la base no es casual sino que fue claramente determinado seguramente por la realización del trazado en un modelo a escala. La curva de sombras está determinada por la altura de la pirámide y el día en que se realiza el trazado. La longitud del lado de la base tiene que ser tal que permita interceptar la curva de sombras con los vértices del lado Norte del cuadrado de la base. Además, la longitud del lado de la base tiene que ser tal que permita que la perpendicular al punto medio del lado Norte, pase por el centro de la base de la pirámide y la distancia d tiene que ser la mitad del lado.

Obsérvese además que al no ser simétrica la curva de sombras, si el cuadrado de la base fuera trazado en dirección Este-Oeste, solo un vértice podría interceptarla, el otro vértice quedaría a cierta distancia de la curva de sombras (25 cm). Para que ambos vértices intercepten la curva de sombras es necesario que además de tener los lados la longitud correcta, el cuadrado tiene que ser rotado con centro en el eje de la pirámide, un ángulo igual a la declinación solar. La rotación es contra reloj porque fue trazada en el mes de octubre con el sol declinando hacia el solsticio de invierno.

La sombra proyectada por la cima de la pirámide nos permite trazar el lado Norte de la base de la pirámide así como las aristas de la cara y su apotema. En la esquina inferior derecha de la figura se observa la rotación de la base de la pirámide.

Éste en mi opinión es el origen conceptual del método "El Círculo Indio" propuesto por Martin Isler para orientar la Gran Pirámide. El gnomon es la propia pirámide y su sombra proyectada por el teorema de Tales fue utilizada para trazar la pirámide.

Durante la obtención del modelo a escala, trazaron un círculo con diámetro igual a la diagonal de la base sobre terreno nivelado, obteniendo los puntos donde corta la curva de sombras para determinar la cuerda que es el lado de la base. La relación entre la altura de la pirámide y el lado de la base es única y tiene que ser determinada mediante un trazado a escala utilizando un modelo.

Comienzo del Trazado

El trazado de la forma piramidal al igual que en la pirámide de Meidum comienza sobre el núcleo escalonado ya construido. Luego se nivelaba el suelo en el perímetro alrededor del núcleo, donde se apoyará la cobertura. La cima de la pirámide también llamada piramidón, tiene reducidas dimensiones y su trazado es como trazar una pirámide muy pequeña. El trazado del piramidón no se hace midiendo sino y debido a sus reducidas dimensiones y para obtener mayor precisión, se transportan las medidas. Además se tiene acceso a todas sus dimensiones, las diagonales de la base, las aristas, la altura y como luego veremos, las apotemas que también fueron trazadas. Se utiliza una vara para cada una de estas dimensiones.

Una vez colocado el piramidón en la cima del núcleo escalonado queda definido el punto de cima desde el cual se realizará el trazado mediante cordeles. La determinación del punto de cima se hace de manera que proyectando visualmente las aristas de piramidón quede suficiente espacio para colocar la cobertura sobre el núcleo.

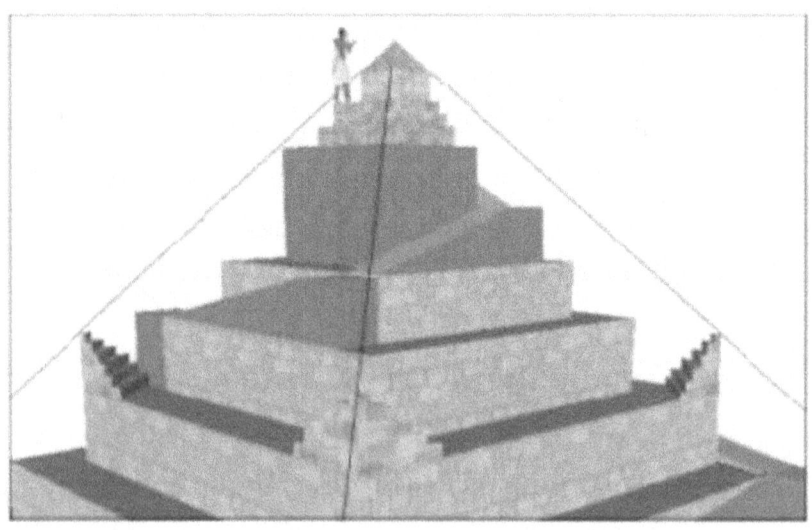

Figura 30: Trazado desde la Cima (autor)

Una vez nivelado el piramidón es orientado de manera de

que en el transcurso del día 11 de octubre la sombra ingrese por la esquina N – O y luego salga por la esquina N - E. El piramidón es un pequeño modelo, una pequeña pirámide equivalente a la Gran Pirámide, porque sus ángulos iguales y las dimensiones son proporcionales (ver teorema de Tales).

La escala apropiada para el modelo pudo ser 1/100, siendo así sus dimensiones 100 veces más chicas que la Gran Pirámide que será trazada. Este modelo permite trazar la cobertura de la Gran Pirámide, conforme al teorema de Tales. Las sombras proyectadas por el piramidón son equivalentes y proporcionales a las sombras proyectadas por la pirámide y son utilizadas para trazarla. El procedimiento comienza trazando el piramidón con precisión y proyectándolo hacia la base de la pirámide.

El modelo de sombras

La proyección de las sombras solares producidas por el piramidón tiene que cumplir con el requisito de tener buena definición y apreciación. Para mejorar la apreciación de las sombras utilizaremos un modelo de sombras en lugar del piramidón.
El modelo estará formado por una base cuadrada hecha en madera fina y un gnomon colocado en su centro.

En el modelo de sombras se visualiza la sombra producida por el gnomon en su recorrido diario. El gnomon tendrá a su vez una punta más aguda que el piramidón para mejorar la apreciación de la sombra producida. La apreciación de este modelo es similar a la de un reloj solar. Un reloj de este tamaño puede apreciar 1 minuto de tiempo, lo que equivale a 145 mm. El reloj solar más grande que se conoce tiene una apreciación de 15 segundos. A mayor tamaño del reloj mayor es la distancia entre horas y mayor es su apreciación. Los relojes de sol al igual que las pirámides a mayor tamaño mayor es la precisión.

Esto que parecía tan ilógico cuando se pensaba en trazar las pirámides midiendo, ahora vemos que cuando se mide el tiempo con un gnomon, es lo que ocurre.

Figura 31: Ejemplo de Piramidón (autor)

Figura 32: El Modelo de Sombras (autor)

"Los relojes de sol más grandes son más precisos, así como las pirámides más grandes son las más precisas en su trazado". A mayor tamaño del reloj solar mayor es la distancia entre marcas y mayor el detalle en unidades de tiempo a apreciar.

Definición de la sombra proyectada

La sombra que proyecta el gnomon sobre la base del modelo tiene buena definición como lo analizamos anteriormente. Sin embargo la sombra proyectada por el gnomon sobre la base de la pirámide, desde más de 146 metros de altura, llegará al suelo con muy poca definición.

Es necesario que la sombra proyectada llegue con una definición similar a la que tiene en el modelo. Esta definición se obtiene transportando la sombra hasta la base de la pirámide mediante el uso de marcadores o gnómones. Estos gnómones son colocados en la arista de la esquina a trazar en el lado Norte, sobre los escalones del núcleo de la pirámide. En el transcurso de la mañana el modelo proyectará su sombra sobre la esquina del primer escalón determinando la ubicación del primer gnomon.

Éste gnomon producirá una nueva sombra sobre el siguiente escalón determinando la ubicación del siguiente gnomon y así sucesivamente hasta llegar a la base.

Se dispone de un par de semanas para esta tarea, determinando a diario la posición exacta del plano en el que está contenida la arista a trazar. La ubicación de la posición exacta de la esquina de la base, se determina el día en que se realizó el trazado.

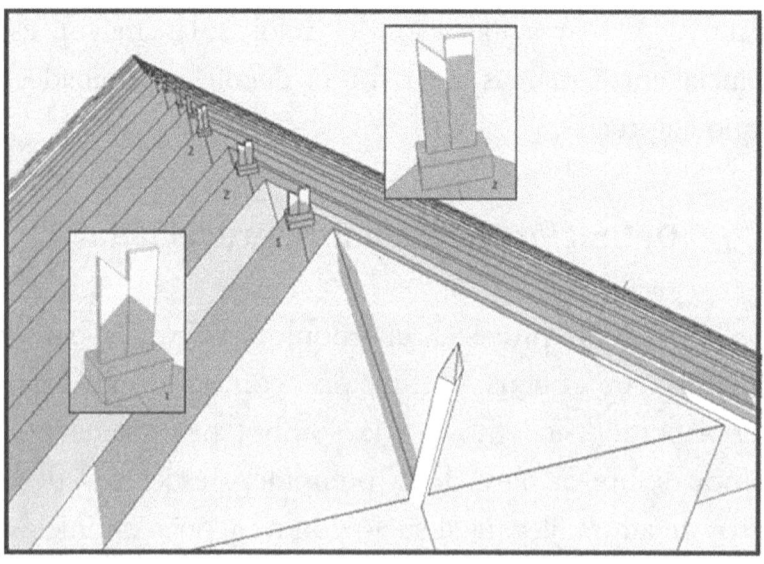

Figura 33: Transporte de la sombra desde la cima (autor)

Ese día el ángulo de altura del sol coincide con el ángulo de la arista de la pirámide.

El diseño de estos marcadores o gnómones probablemente eran simples tablillas de madera que tenían marcada una regleta de un lado y una hendidura en su extremo superior que solo abarcaba la mitad de la tablilla. *

Cada tableta colocada en una hendidura sobre una base de piedra que las mantiene perfectamente vertical, cumple muy bien la función de los marcadores. En los días previos a la marcación de la arista, la sombra proyectada por cada tablilla será medida sobre la regleta de la tablilla siguiente.

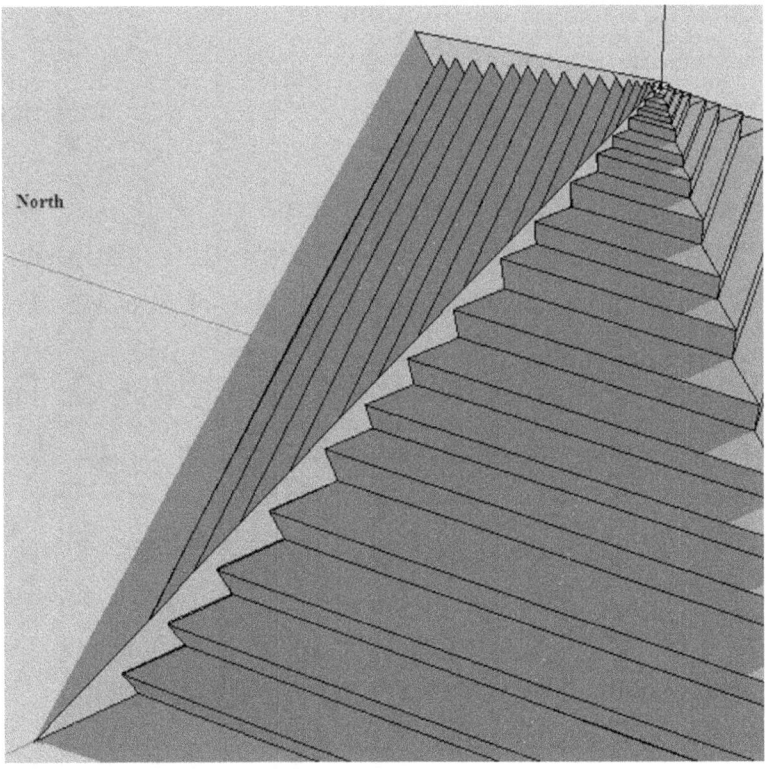

Figura 34: Sombra proyectada sobre las aristas (autor)

Esta medición es útil para que las regletas sean colocadas equidistantes.

Todas las regletas tendrán la hendidura en la misma posición, en este caso a la izquierda, excepto la última que está invertida. El día en que el ángulo de altura del sol coincide con la arista a trazar, la luz solar pasará por todas las hendiduras hasta iluminar la última regleta que está invertida. Un equipo de ayudantes, ubicados uno en cada regleta, irá girando cada regleta desde la más baja hacia la más alta, verificando que recibe el rayo de sol en la posición correcta. Este relevamiento tiene que ser rápido porque el movimiento de la sombra también lo es. El posicionamiento de las tabletas en los días previos, utilizando la sombra recibida sobre las regletas adelanta el resultado final.

Determinada la ubicación de las esquinas de la base Norte así como de las aristas en toda su longitud, se sustituyen las tablillas por soportes colocando un cordel que marcará la posición de la arista. Al cordel se le agrega una tela que baja verticalmente y se sujeta al núcleo de la pirámide. Esta manera de marcar la arista mediante un cordel y tela, funciona como una pantalla que proyecta sombras y que permite visualizar sombras que se proyectan sobre ella.

Por ejemplo un control a realizar consiste en visualizar que cuando la arista no tiene que proyectar sombras al estar el sol posicionado en la dirección de la arista, efectivamente no proyecte sombras. Si se visualiza alguna sombra en toda la longitud de la arista por pequeña que sea es porque hay un error que corregir.

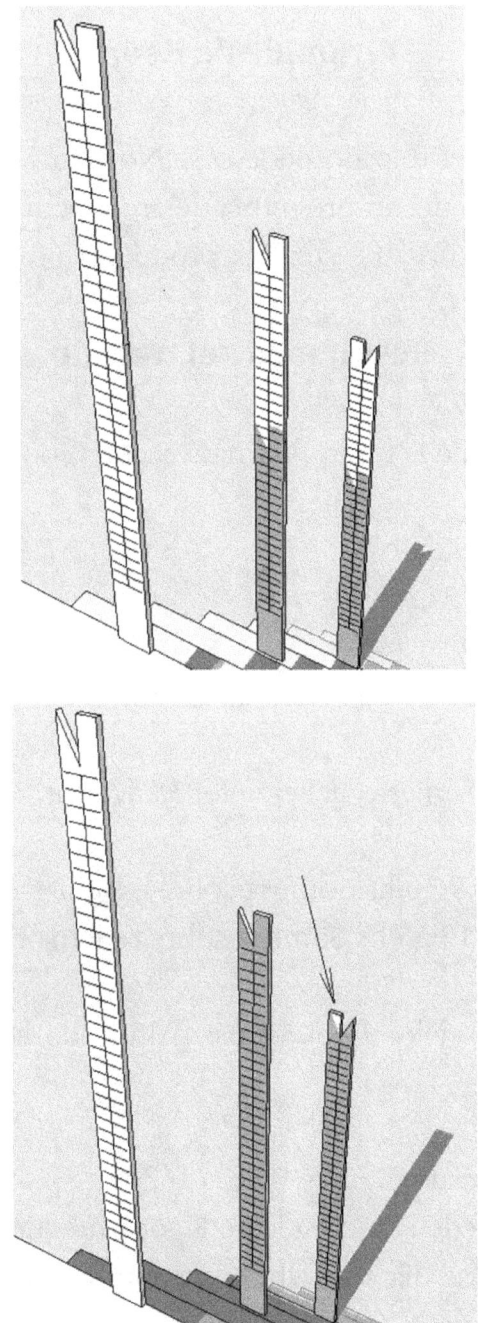

Figura 35: Regletas para proyectar la sombra (autor)

Trazado de la cara Norte de las Pirámides de Giza
Pirámide de Keops

Realizaremos el trazado de la cara Norte de la Pirámide de Keops, utilizando un programa de arquitectura en el que se reproduce la curva de sombra producida por la cima de la pirámide.

Resultados del trazado

Coordenadas de la Gran Pirámide según Google Maps:

Latitud: 29.979254N
Longitud: 31.134201E

Lado de la base del modelo: 2,3034 mt

Diagonal = Diámetro del círculo: 3,2576 mt

Día: 11/10   9:36 hs Sombra sobre esquina N-O
                13:50 hs Sombra sobre esquina N-E

Altura del Modelo: 1,4608 mts. (Altura de la pirámide de 146,08 mts)

Ángulo de rotación: arc tg 0,187/162,88 = 4,49 minutos.
El lado Norte de la pirámide de Keops fue trazado el día 11 de octubre. Ese día a las 9h 36′ la sombra del gnomon cae sobre la esquina N-O del modelo, marcando la posición de esa esquina en la base de la pirámide. El ángulo de altura

del sol es el mismo que la pendiente de la arista N-O del modelo. Luego a las 13 hs 50´ la sombra cae sobre la esquina N-E del modelo marcando la posición de esa esquina en la base de la pirámide.

El lado Norte que es trazado uniendo ambas esquinas tendrá una desviación en sentido contra reloj igual a la desviación que tiene la curva de sombra de ese día.

La desviación de la curva de sombra es producida por la declinación solar que el día 11 de octubre vale 0,95 minutos/hora. El tiempo transcurrido por la sombra proyectada en ir de la primera esquina hasta la segunda fue de 4 hs 14´= 4,23 hs.

La deviación de la curva de sombra y por consiguiente del lado Norte trazado será de: (0,95 minutos/hs) x 4,23 hs = 4 minutos

El sentido contra reloj de la rotación es debido a que el trazado se realizó en octubre con el sol alejándose del solsticio de verano. Si la rotación fuera en sentido horario el trazado se habría realizado en marzo.

Resultado de este trazado, llegamos a la conclusión de que la altura original de la Gran Pirámide era 146,08 mts +- 0,01, porque es la única altura que permite cumplir con las condiciones del trazado.

Pirámide de Kefren

Latitud: 29.975643N
Longitud: 31.131455E

Lado de la base del modelo: 2,1526 mt

Diagonal= Diámetro del Círculo= 3,044 mt

Día: 8/10   9:38 hs Sombra sobre esquina N-O
              13:47 hs Sombra sobre esquina N-E

Altura del Modelo: 1,4362 metros   (Altura de la Pirámide: 143,62 metros)

Ángulo de rotación: arct tg: 0,178/152,21 = 4,89 minutos.

El lado Norte de la pirámide de Kefren fue trazado el día 8 de octubre. Ese día a las 9h 38´ la sombra del gnomon cae sobre la esquina N-O del modelo, marcando la posición de esa esquina en la base de la pirámide. El ángulo de altura del sol es el mismo que la pendiente de la arista N-O del modelo. Luego a las 13h 47´ la sombra cae sobre la esquina N-E del modelo marcando la posición de esa esquina en la base de la pirámide.

El lado Norte que es trazado uniendo ambas esquinas tendrá una desviación en sentido contra reloj igual a la desviación que tiene la curva de sombra de ese día.

La desviación de la curva de sombra es producida por la declinación solar que el día 8 de octubre vale 0,975 minutos/hora. El tiempo transcurrido por la sombra proyectada en ir de la primera esquina hasta la segunda fue de 4 hs 9´= 4,15 hs.

La deviación de la curva de sombra y por consiguiente del

lado Norte trazado será de: (0,97 minutos/hs) x 4,15 hs = 4 minutos

Pirámide de Micerinos

En la pirámide de Micerinos tenemos la dificultad de que su revestimiento no fue terminado lo cual impide una medición exacta. Tampoco fue removido como ocurrió en la Gran Pirámide en que Petrie pudo identificar los zócalos y determinar a partir de ellos las medidas precisas de la base.

Esta pirámide es de menores dimensiones, por lo cual el error cometido en el trazado va a ser mayor y está presente en la rotación de la base.

La rotación en sentido horario nos está indicando que el trazado se realizó en el mes de marzo.

Las Concavidad de las Caras

La base de la Gran Pirámide no es cuadrada sino que tiene ocho lados, que forman ocho caras. Las apotemas no terminan sobre los lados sino que están retiradas hacia el centro de cada cara. Realizar esta concavidad significó agregar un importante trabajo adicional. La concavidad hace posible que se visualice la sombra proyectada por cada arista sobre la apotema y la arista de la cara que las contiene. Cuando la sombra de una arista se proyecta sobre otra, marca el lado de la base que las contiene.

La proyección de sombras producidas por estas largas

pantallas y recibidas por pantallas de similar longitud tiene buena apreciación. Sin embargo no se descarta el uso de regletas para mejorar la apreciación.

Las apotemas tienen mayor pendiente lo que permite obtener mayor rectitud en el cordel utilizado para marcarla. La rectitud de las apotemas hace posible chequear la rectitud de las aristas.

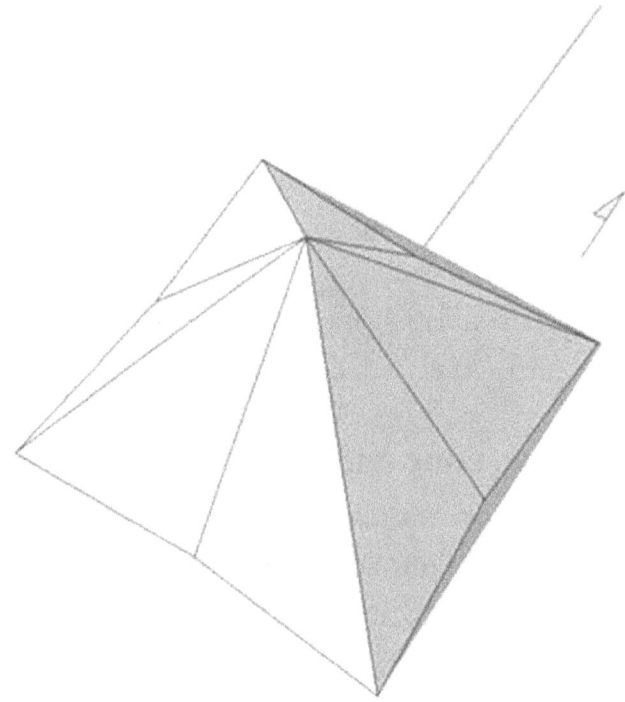

Figure 36: Concavidad de las caras (autor)

El modelo tiene también sus aristas y apotemas. Cuando en el modelo la sombra de una arista se proyecta en otra, a lo largo de toda la arista y en la base de la pirámide tiene que ocurrir lo mismo. El modelo es una referencia sin embargo su apreciación no es suficiente para alcanzar la perfección obtenida, para ello fue necesario realizar los siguientes chequeos.

Chequeos de Control

El procedimiento que estamos describiendo permite asegurar que las aristas y la apotema se encuentren en el punto de cima. Esto ocurre en la cara Norte así como en el resto de las caras de la pirámide. También se asegura la rectitud de las aristas al proyectar su sombra sobre las apotemas. En cuanto a la precisión alcanzada en el trazado, es posible obtenerla realizando una serie de chequeos.

Por ejemplo se chequea que la sombra proyectada por las aristas ingrese exactamente por la esquina N-O y salga por la esquina N-E. Esto asegura que las esquinas de la base interceptan la curva de sombras.

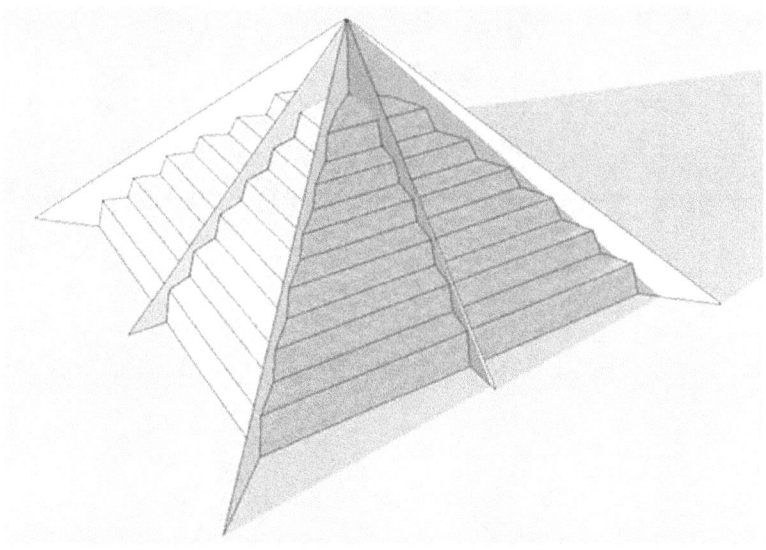

Figure 37: Sombra proyectada sobre una apotema (autor)

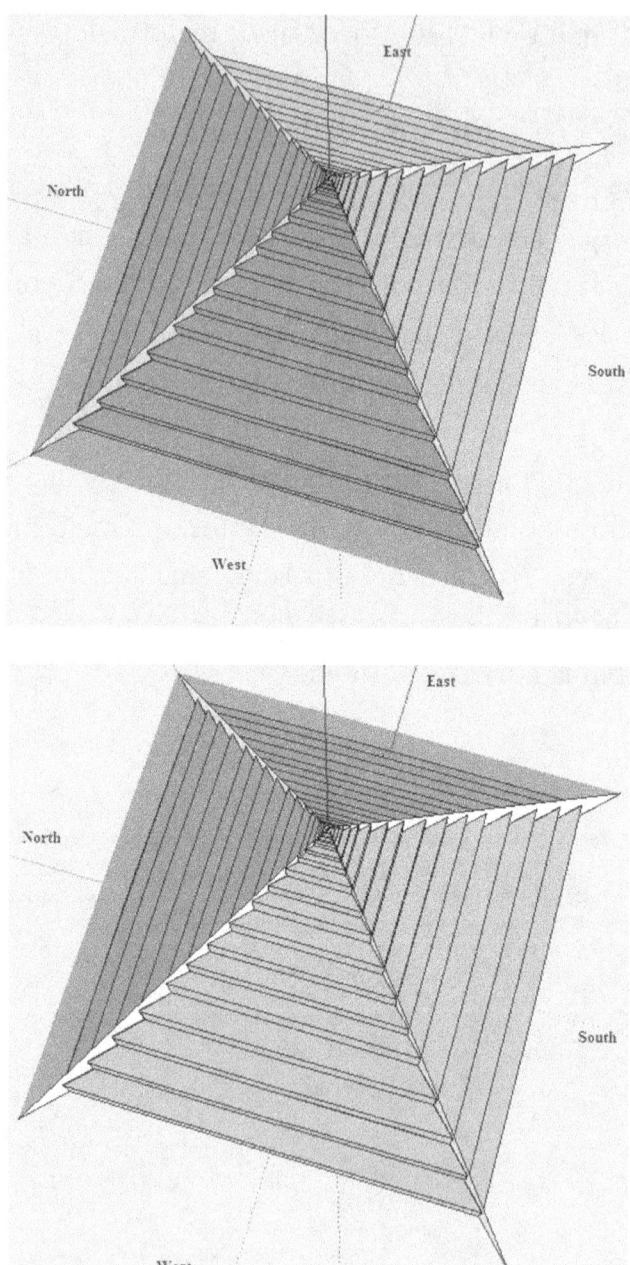

Figure 38: Chequeos de Control (autor)

La apreciación en la base de la pirámide es 100 veces mayor que en el modelo. Sin embargo, hay que tener presente que el procedimiento no consiste en medir sino en buscar la perfección corrigiendo defectos.

La definición de la sombra proyectada sobre esas grandes pantallas (superficies de gran longitud) difiere de lo que es la definición de la sombra proyectada por un gnomon (un punto). Podemos decir que mientras que el gnomon proyecta la sombra del punto de cima, las aristas proyectan infinidad de puntos de referencia.

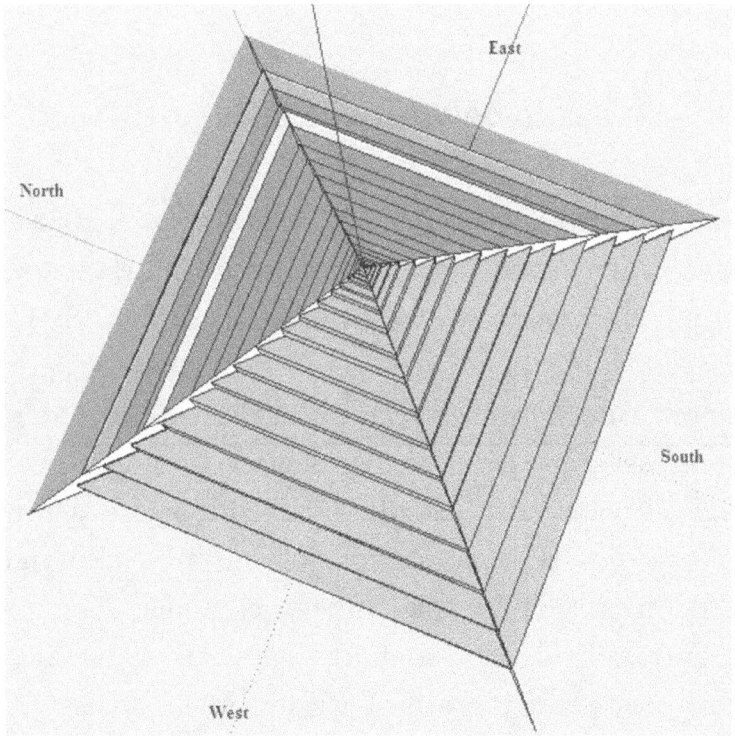

Figure 39: Pantallas Horizontales (autor)

Luego se suma las pantallas horizontales sobre algunos escalones lo cual permite apreciar aún con mayor detalle cualquier posible errores de trazado.

Este procedimiento permite visualizar cualquier imperfección en el trazado como si el revestimiento ya hubiera estado colocado. Este tipo de imperfecciones son las un observador podía apreciar desde la base de la pirámide.

Como decíamos al principio, el procedimiento que utilizaron solo es útil para trazar pirámides y a mayor tamaño de la pirámide mayor será la apreciación de los errores.

Trazado del Resto de la Cobertura

Las sombras proyectadas por la pirámide en el transcurso del año, caen dentro de la zona de sombras entre los solsticios de verano y de invierno (ver Fig.:29). Como vimos, las sombras proyectadas por el modelo permiten trazar el lado Norte de la pirámide, sus aristas y su apotema, así como las apotemas del lado Oeste y Este.

Las aristas y apotema del lado Sur caen fuera de la zona de sombras y no será entonces posible trazarlas utilizando la sombra proyectada directamente por el modelo.

Para el trazado de las aristas del lado Sur se recurre a la sombra proyectada por estas aristas sobre las aristas de lado Norte. En este trazado se toma como referencia las sombras proyectadas por las aristas del modelo.

Cuando en el modelo una arista del lado Sur proyecta su sombra sobre la arista del lado Norte, lo mismo tiene que ocurrir con la sombra proyectada por la arista de la pirámide. Además las sombras obtenidas tienen que cumplir con los chequeos, por ejemplo:

El día 11 de octubre en horas de la mañana, en el momento que la sombra toca la esquina N – O, la sombra de las aristas marcará los lados Norte y Oeste simultáneamente. En horas de la tarde en el instante en que la sombra sale de la pirámide por la esquina N – E, la sombra de las aristas marcará los lados Norte y Este.

De igual manera se controla la sombra proyectada por cada arista Sur sobre las apotemas próximas a ella.

En las mediciones de la Gran Pirámide realizadas por Cole se observa que la base está rotada en sentido anti-horario, 3´6´´ promedio. Como vimos anteriormente esta rotación reproduce el trazado que hemos descripto y es producida por la declinación solar. Además se agregan otros detalles relevantes. El trazado de la base no es simétrico respecto al eje Norte – Sur. El sector Oeste que fue trazado con el sol de la mañana es mucho más preciso, los ángulos de las esquinas son casi perfectos, South-West 90° 0'33" + 0'33" y North-West 89° 59'58" -0'20" * .

El sector Este que fue trazado en horas de la tarde, es menos preciso debido a la declinación solar, los ángulos de las esquinas tienen cierta diferencia con el ángulo recto, North-East 90° 3 '20" +3 '20", South-East 89° 56'67" -3'33". Esta diferencia es de entre 3 '20" y " -3'33" que corresponde a la declinación solar.

S. Clark and R. Engelbach, Ancient Egyptian Masonry (London, 1930), 68.
En la figura se ha exagerado la rotación para que sea apreciable.

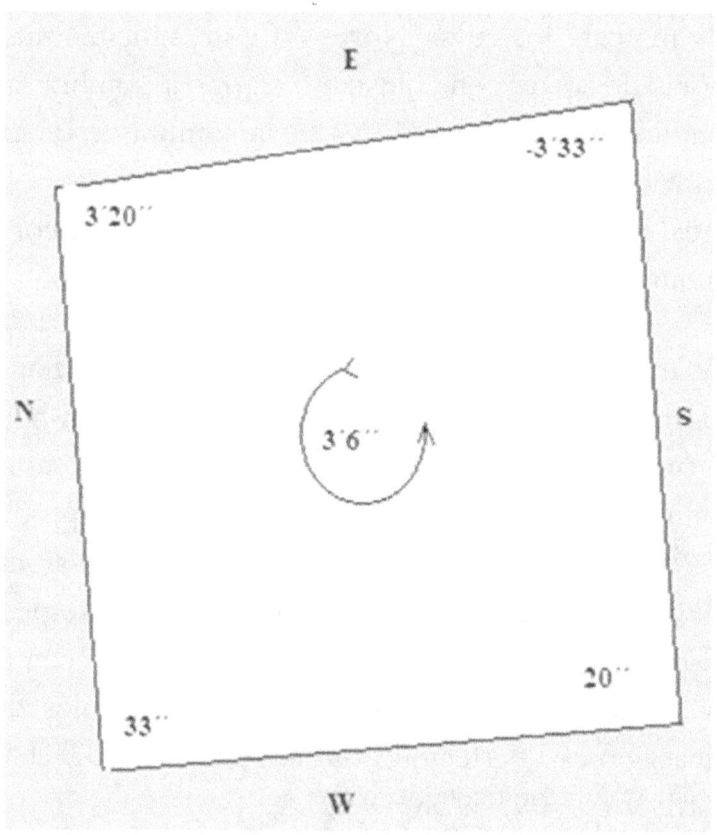

Figura 40 : Mediciones realizadas por Cole (autor)

Colocación de la Cobertura

En la evolución constructiva de las pirámides egipcias, existe una continuidad en la forma de construir estas pirámides. Primero se construía un núcleo escalonado y luego de trazar la forma piramidal se colocaba la cobertura. La Gran Pirámide fue construida de esta manera también y el único problema nuevo que presenta es la colocación de la cobertura en la zona alta de la pirámide.

El tamaño de los bloques de la cobertura disminuye con la altura, tal y como puede verse en la pirámide de Kefren. En los niveles bajos estaban los bloques de mayor tamaño que pueden llegar a una decena de toneladas mientras que en el sector alto no superan la tonelada. Esta disminución en el tamaño de los bloques está evidenciando la dificultad de subirlos y las diferentes técnicas utilizadas para hacerlo.

En los sectores bajos se utilizan rampas, que son simples terraplenes en cada cara. Cuando se superaba la altura de los niveles bajos se continuaba conectando la rampa principal con la cara Sur. Una vez subidos los bloques mediante la rampa principal al nivel en que se estaba colocando la cobertura, éstos eran desplazados sobre la superficie de la cobertura en construcción.

La elevación de los bloques de la cobertura por encima de la altura media de la pirámide se realizaba mediante cuerdas, izando cada bloque sobre la cara de la pirámide. Los bloques estaban colocados sobre un trineo de madera que se deslizaban sobre guías de madera, para disminuir la fricción. El esfuerzo era realizado por cuadrillas apostadas sobre los escalones del núcleo y la superficie de la cobertura en construcción.

El arqueólogo egipcio Selim Hassan realizó un descubrimiento trascendente en la meseta de Giza. Consiste en un apoyo fijo para cuerdas tallado en piedra, que presenta tres ranuras paralelas con forma de media caña por las cuales se deslizaban las cuerdas. En el sector opuesto a las ranuras existe una saliente en forma de espiga con dos orificios que tenía la función de sujetar dicho elemento mediante tarugos a una estructura (Verner 2001: 85).

Un elemento similar fue encontrado en la pirámide de Khentkaus. Difiere con el anterior en que presenta un único orificio de sujeción en la espiga. Esta forma del apoyo permite modificar la dirección de la cuerda en 45 grados mínimo.

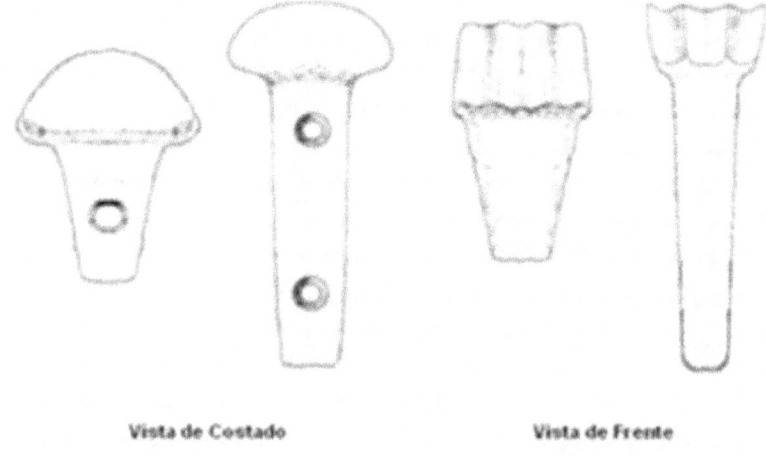

Vista de Costado   Vista de Frente

Figura 41 : Apoyos para cuerdas (autor)

Dieter Arnold comparte la opinión de que este apoyo para cuerdas estaba sujeto a una estructura de madera y agrega "formaban parte de un dispositivo desconocido para tirar o bajar tres cuerdas paralelas deslizándose sobre un borde o una esquina de la edificación" (Arnold 1991: 282).

Al apoyo para cuerdas se suma el uso de contrapesos, que facilitaba el esfuerzo a realizar. Un contrapeso básicamente es un recipiente colocado sobre un trineo que puede ser cargado mediante bolsas de arena, trozos de bloques e incluso el peso de los propios hombres. Al descender el contrapeso eleva o ayuda a elevar el bloque, dependiendo de la carga del contrapeso, del peso del bloque a subir y de las pérdidas por rozamiento de la cuerda sobre los soportes de cuerdas.

Aquí se plantea la interrogante sobre si el contrapeso utilizado era exterior a la pirámide o interior. Esta interrogante surge debido a que en el interior de la Gran Pirámide existe una gran rampa denominada la Gran Galería (1).

La distribución de cámaras y corredores que componen el interior de las pirámides inicialmente se hacían subterráneas y luego pasaron a incorporarse en la estructura a nivel de su base.

En la Gran Pirámide se da un diseño atípico en el cual las cámaras y corredores ganan altura dentro de la estructura. Este diseño inusual es motivado por la inclusión de la Gran Galería en el diseño.

La Gran Galería es un plano inclinado o rampa interior que por el hecho de encontrarse dentro de la estructura del núcleo de la pirámide adquiere la forma de una galería. Esta galería tiene la infraestructura necesaria para deslizar en su interior un contrapeso. Dispone de dos guías de piedra a nivel del piso, junto a las paredes. Otro detalle interesante son los bloques de piedra encastrados en las paredes a intervalos regulares, aptos para cumplir con la función de detener el contrapeso en posiciones intermedias.

La Gran Galería cumplió la función de ser un corredor para acceder a la cámara superior. Sin embargo, su diseño presenta características que no pueden ser explicados únicamente por esta función.

"Hay características únicas en la galería que durante siglos han dejado perplejos a los investigadores" Se requiere "comprensión clara de todas las piezas del puzzle….., para explicar el propósito de la Gran Galería en relación con la pirámide en su conjunto"(Lepre 1990: 79).

Ubicación de la Gran Galería:

- Ubicación en el plano Norte-Sur: La Gran Galería tiene la singularidad de terminar exactamente en el plano central de la pirámide. Para que la Gran Galería pudiera cumplir la función de contener un contrapeso, la cuerda que trasmitía el esfuerzo hacia el exterior debió subir verticalmente desde el sector más alto de la Gran Galería hasta alcanzar la cima a través de un conducto que denominaremos "conducto de la cuerda" .

Figura 42 : Gran Galería (Jon Bodsworth)

- Ubicación en el plano Este-Oeste: La Gran Galería, fue construida en un plano, desplazado del plano central Norte-Sur, 7,5 metros hacia el Este. La asimetría es un elemento atípico en la arquitectura egipcia, que utilizaba la simetría como elemento predominante. Esta asimetría en la ubicación de la Gran Galería responde a una razón relevante en el diseño que confirma su función.

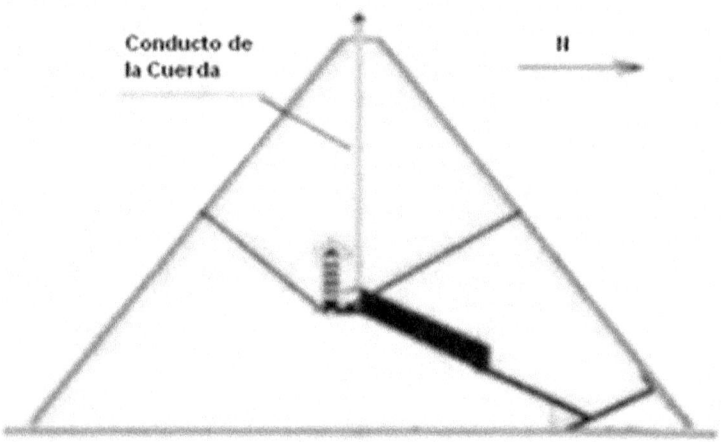

Figura 43 : Ubicación de la Galería en el plano Norte-Sur (autor)

La existencia de conductos de gran longitud y pequeña sección atravesando la albañilería del núcleo son característicos de esta pirámide.

Proyectando el sector alto de la Gran Galería, donde se encuentra el gran escalón, verticalmente hacia la cima de la pirámide, vemos que el conducto de la cuerda necesario para transmitir el esfuerzo al exterior, saldría a un costado del piramidón. La ubicación de la Gran Galería desplazada del plano central evidencia el propósito principal con que fue incluida en el diseño, que consistió en contener un contrapeso utilizado durante la colocación de la cobertura en el sector medio y alto de la pirámide.

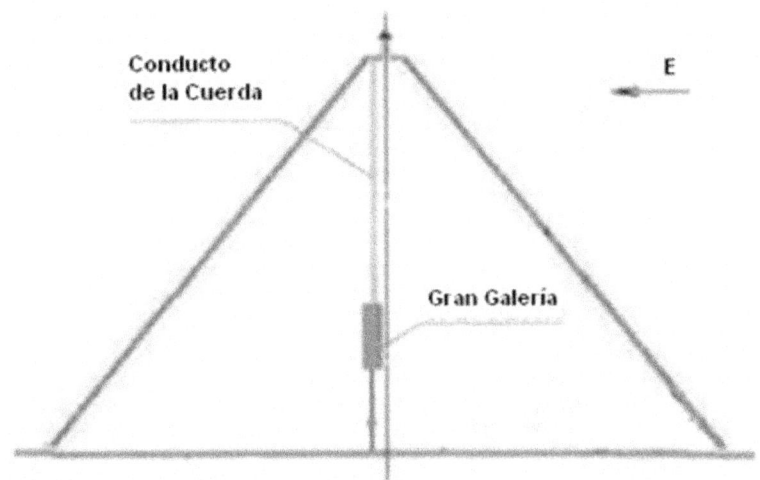

Figura 44: Ubicación de la Galería en el plano Este-Oeste (autor)

La figura es un dibujo de la cima de la pirámide, realizado por E.W.Laner, dibujante profesional, en el trabajo "Descripción Exhaustiva de Egipto" (Museo Británico, add. MS. 34,083, f.24) – publicada por C.W. Ceram en su libro "En busca del pasado".

Observando la figura podemos identificar un sector rectangular con características semejantes a la boca del conducto, en la ubicación antes mencionada conteniendo tres pequeños bloques (ver flecha).

Figura 45: La Gran Galería (Smith)

En esta página web se puede visitar la plataforma de cima y confirmar la precisión alcanzada por Laner en su dibujo (ver: http://www.pbs.org/wgbh/nova/ancient/explore-ancient-egypt.html).

Una vez colocada la cobertura, la cara exterior del revestimiento llegaba desde la cantera con forma irregular que era terminada en sitio.

Figura 46: Cima de la Gran Pirámide (E.W.Laner)

En la Gran Pirámide, existen otros cuatro conductos de gran longitud y pequeña sección. La existencia de bloques tan pequeños como los que indicamos en la fotografía no son usuales en la construcción de la pirámide. Recientemente se descubrió un bloque de estas características en el interior de uno de los conductos existentes en la Cámara de la Reina.

Esta técnica además de ser efectiva al momento de elevar

los bloques de la cobertura a gran altura, explicaría el verdadero propósito de la Gran Galería y tiene la peculiaridad de ser demostrable mediante una inspección visual de la cima de la pirámide. La pirámide de Kefren es posterior a la Gran Pirámide y ligeramente más baja que ella. Es de suponer que debió de ser construida con los mismos procedimientos considerando los resultados obtenidos. En particular, debió de utilizarse la técnica de elevar los bloques a gran altura descripta anteriormente y por consiguiente debería tener al igual que la pirámide de Keops una Gran Galería en su interior.

La Gran Galería en el interior de Keops la conocemos por los trabajos realizados por el califa Al Mamun. Si estos trabajos de apertura de la pirámide no se hubieran realizado, conoceríamos simplemente el corredor descendente y la cámara subterránea.

Algo similar es lo que conocemos de la pirámide de Kefren. Sus entradas fueron descubiertas por Batista Belzoni luego de remover bloques y escombros que estaban acumulados sobre la cara Norte. Hasta ese momento la opinión predominante era que la pirámide de Kefren era maciza, sin cámaras en su interior. Una vez que ingresa a la pirámide, Belzoni accede a la Cámara Funeraria encontrándola vacía. El túnel excavado por saqueadores así como una inscripción dejada en la cámara daban cuenta de una incursión anterior probablemente muy antigua.

Si existe una Gran Galería dentro de la pirámide de Kefren entonces el proyecto Scan Pyamid tendría que poder identificarla.

El proyecto Scan Pyramid no pudo identificar en su primer relevamiento, el gran espacio existente sobre el techo de la Gran Galería

La construcción en bóveda de la Gran Galería (como puede verse en las cámaras y los corredores de la pirámide de Meidum) termina donde se juntan las paredes, por encima del techo horizontal existente. Publiqué un artículo en Academia.edu en 1/2017 explicando mi opinión sobre la existencia de un gran espacio hueco sobre el techo de la Gran Galería.

Figura 47: Terminación del Revestimiento (autor)

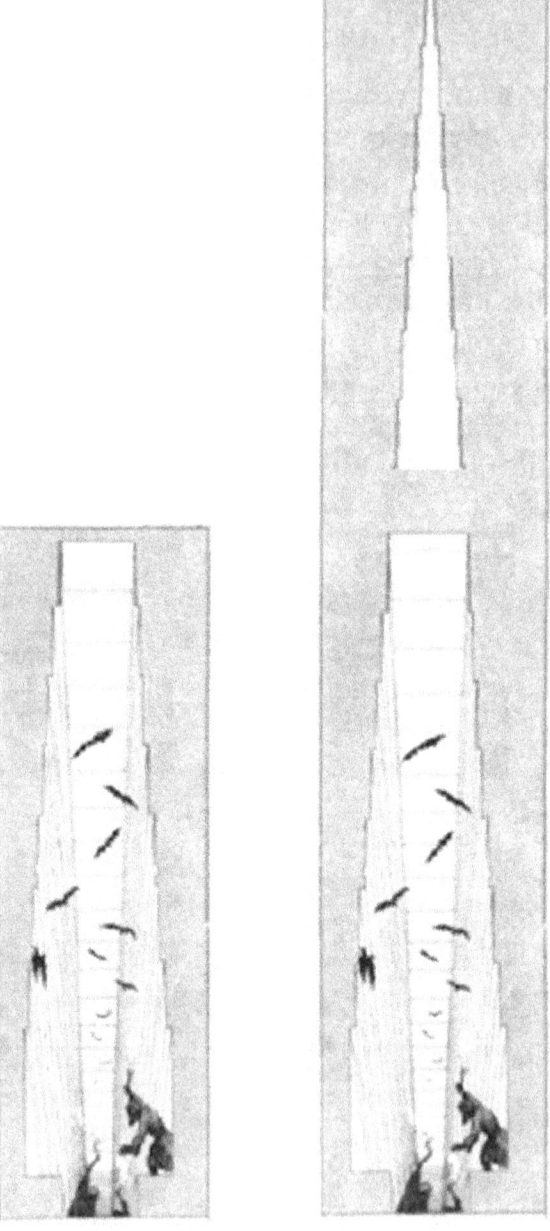

Figura 48: Sector alto de la Gran Galería (autor)

El proyecto Scan Pyramid, pudo identificar este espacio vacío en 11/2017. ¿Por qué este gran espacio vacío no pudo ser identificado en el primer relevamiento? Porque según los resultados, ese espacio no está vacío sino que fue rellenado con arena y otros materiales.

Es muy probable que algo similar esté ocurriendo en la pirámide de Kefren.

Una vez finalizada la colocación del revestimiento se procedía a su terminación. Cordeles horizontales eran tendidos desde las aristas sobre la zona en que se estaba terminando la cobertura.

Bibliografía

Dieter Arnold, Building in Egypt: Pharaonic Stone Masonry, Oxford University Press, 1991.

Borchardt Ludwig. Das Grabdenkmal des Koniges Sahure, vol I. Leipzig: J. C. Hinrichs, 1910.

Ceram C. W., En Busca del Pasado, Labor , 1961.

Colonel Coutelle, Observaciones sobre las Pirámides de Gizeh, vol. IX Description de l'Égypte, Paris 1829.

Dash, Glen, "North by Northwest: The Strange Case of Giza's Misalignments," AERAGRAM, Vol. 13 no. 1 (Spring 2012), 10-15

Dash, Glen, "New Angles on the Great Pyramid," AERAGRAM, Vol. 13 no. 2 (Fall 2012), 10-19.

(1) Dash, Glen , Did the Egyptians Use the Sun to Align the Pyramids?

(2) Dash, Glen, "Simultaneous Transit and Pyramid Alignments: Were the Egyptians' Errors in Their Stars or in Themselves? AERAGRAM (January 27, 2015).

Dash, Glen, "How the Pyramid Builders May Have Found Their True North," AERAGRAM, Vol. 14 no. 1 (Spring 2013), 8-14.

Edwards I.E.S., The Pyramids of Egypt, Penguin Books, 1993.

Fakhry Ahmed, The Pyramids, The University of Chicago Press, 1975.

(4) **Gerardo Daniel**, Construction at Giza, Magazine of Uruguayan Insitute of Egyptology, (1/1981).

(5) **Gerardo Daniel**, La Pirámide Posible, Amazon, (11/2012).

Hawass Zahi, Pyramid Construction,New Evidence Discovered at Giza,
http://guardians.net/hawass/pbuildrs.htm"

Hawass Zahi and Mark Lehner, Giza and the Pyramids, 2017.

Isler Martin, Sticks, Stones, and Shadows: Building the Egyptian Pyramids, 1926

Lauer J.P, Le Problème des Pyramides D`Égypte, Payot, 1948.

Lehner Mark, The Complete Pyramids, Thames & Hudson, 1997.

Lepre J.P., The Egyptian Pyramids, Mc Farland, 1990

Maragioglio Vito and Celeste Rinaldi. L'Architettura delle Piramidi Menfite, Rapallo, 1965.

Mendelssohn Kurt, The Riddle of the Pyramids, Thames and Hudson, 1974.

Petrie Flinders, The Pyramids and Temples of Gizeh,

Scribner & Welford, 1883.

Sampsell Bonnie M., Pyramid Design and Construction - Part I: The Accretion Theory, The Ostracon, Journal of the Egyptian Study Society, Denver, 2000.

SmythCraig B., How the Great Pyramid was built, Smithsonian Books, 2006.

Miroslav Verner, Las Pirámides, El Misterio, Cultura y Ciencia de los grandes monumentos de Egipto, Grove Press, 2001.

El Autor

Nacido en Montevideo el 25/11/1958, de profesión Perito en Ingeniería Mecánica.

Desde su juventud ha tenido particular vocación por el estudio de la evolución constructiva de las pirámides egipcias. Fue en una clase de historia a los 12 años de edad, que vio por primera vez un dibujo en corte de la pirámide del faraón Keops.

En la década de 1980 completó su tesis que consiste en relacionar el diseño de la distribución interior de la Gran Pirámide con su construcción. .Dicho trabajo fue evaluado por el arquitecto J. F. Lauer. En el año 1981 publicó el artículo "Construcción en Giza" en la revista del Instituto Uruguayo de Egiptología.

Continuó desarrollando su investigación sobre la base del análisis de los requisitos constructivos y funcionales que hacen a la realización de esta obra maestra y los procedimientos disponibles para satisfacerlos.

En el año 2012 publicó su libro " La Pirámide Posible" donde desarrolla la investigación sobre el trazado de las grandes pirámides. En el año 2013 recibió la Medalla al Mérito de la República Árabe de Egipto en el concurso realizado por el Embajador de Egipto y el Instituto Uruguayo de Egiptología.

Las conclusiones de esta prolongada investigación son publicadas en este libro "Plotting and Building the Pyramids of Giza", conjuntamente con las opiniones sobre la materia de los principales especialistas.

DANIEL GERARDO

www.ingramcontent.com/pod-product-compliance
Lightning Source LLC
Chambersburg PA
CBHW051332170526
45166CB00002B/782